80
청춘
동유럽을
가다

최종수 · 손인화
쓰고 찍고 그리다

80
청춘
동유럽을
가다

시간의 물레

 프롤로그

80을 눈앞에 두고 보니 뭔가 아쉽고 허전하다. 사실 내가 80까지 살리라고는 감히 생각하지도 못했다. 그래서 그것이 현실로 다가오고 있는데 그저 아무런 대비도 없이 하루하루를 보낸다는 것이 안타깝기도 하고 무책임하게도 느껴진다.

뭔가 해보자는 생각을 한 것은 나 혼자뿐이 아니다. 동갑내기인 아내의 생각도 마찬가지였다. 둘이 함께 이 허전함을 메워 볼 방법은 없을까? 나는 나의 생애 중 47년간을 한길로 언론계에서 살아왔다. 아내 또한 40여 년간을 한눈 팔지 않고 출판계에 몸을 담아왔다.

두 사람 다 남달리 빼어난 글재주는 없지만 글을 다루는 일을 하며 살아왔다는 공통적인 바탕이 있다. 그래서 여행이라는 공통적인 경험을 통해서 여행기를 합작해 보는 것도 재미있을 것으로 생각했다.

우리는 현직에서 물러난 후 기회가 있을 때마다 국내외 여기저기를 찾아다니곤 했다. 그러나 사전에 여행에 대해 각자 나름대로 느낌이야 있었겠지만 어떤 뚜렷한 목적의식이 없었기에 그저 감흥을 흘려버리고 말았다.

해가 갈수록 아내의 눈가엔 주름이 늘어나고 화초에 물을 주는 것조차 버거워한다. 나도 자고 나면 팔다리가 뻣뻣하고 몸놀림도 굼뜨며 점차 걸음걸이도 엉거주춤하다. 그래서 그 동안 이 핑계 저 핑계로 미뤄왔던 동유럽 여행을 눈 딱 감고 감행하기로 결심했다.

이번엔 여행기를 엮을 생각으로 나는 메모장과 필기구를, 아내는 스케치북과 카메라를 챙겨 여장을 꾸렸다.

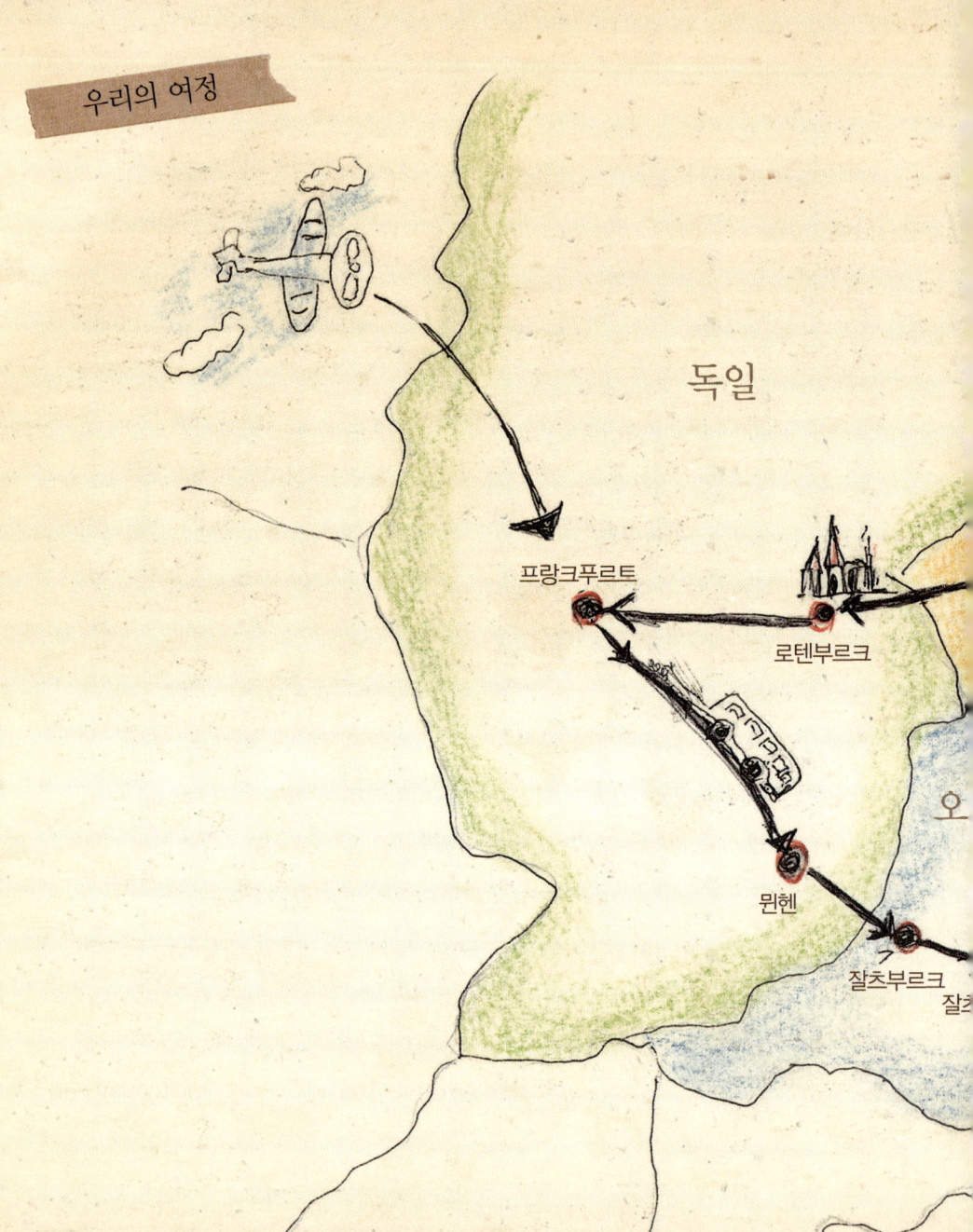

우리의 여정

독일

프랑크푸르트

로텐부르크

뮌헨

잘츠부르크

오

잘츠

CARTE POSTALE

폴란드

아우슈비츠　　　크라카우

비에르츠키

프라하　　체코

슬로바키아

타트라 국립공원

아

비엔나

헝가리　　부다페스트

심표

애매모호한 독일의 기후답게
잿빛 하늘에서는 가느다란
빗방울이 떨어지고 있었다.

옛 추억을 상기시키는 독일

West Berlin! 이름만 들어도 뭉클, 향수를 일으키는 고장이다. 나는 1966년 서독 정부 초청으로 동남아 지역 중견 언론인들과 더불어 서베를린 신문 연구소 (West Berlin Press Institute)에서 3개월 동안 새로운 신문 제작을 위한 연수를 받은 적이 있다. 연수를 끝낸 다음 2주 동안 서독의 주요 도시를 돌아보는 기회를 가졌었다. 그때가 나로서는 난생 처음 갖는 외국 나들이어서 새로 마주치는 이국 풍경에 그저 놀랍고 흠뻑 매료되었던 기억이 아직 생생하다.

2009년 3월 24일 16:35, 나는 40여 년 전의 아련한 추억을 떠올리면서 이번 여행의 시발지인 프랑크푸르트 공항에 내렸다. 애매모호한 독일의 기후답게 잿빛 하늘에서는 가느다란 빗방울이 떨어지고 있었다. 나는 오래간만에 찾아온 독일 땅에서 차분히 옛 감회를 느껴 볼 여유도 없이 아내의 손목을 잡고 우리를 기다리고 있던 대형 전용 버스에 올랐다.

전용 버스는 어둡고 축축한 공기를 가르며 고속도로 위로 올라 남쪽의 퀸츠부르크를 향해 달리기 시작했다. 이 도로는 중앙에 녹색 분리대가 있고 너비는 20미터쯤 되어 보였다. 이것이 바로 제2차 세계대전 때 독일이 그렇게 자랑하던 이른바 〈아우토반〉이란 말인가 하는 생각이 들었다. 그런 정도의 고속도로는 지금 우리나라의 중소 도시를 연결하는 도로에서 흔히 만날 수 있는 길이었다.

세계의 도로 시설에서 그렇게 명성을 떨치던 독일의 아우토반도 시대의 변화에 따라 빛이 바래버린 것은 어쩔 수 없다 하더라도, 여러 가지 도로 사정도 이제는 큰소리를 칠만한 것이 그리 많지 않을 것 같았다.

독일은 유럽의 중심에 위치하고 있기 때문에 인접한 여러 나라들의 차량들이 몰려들어서 교통 체증이 심하다. 그래서 일반 차량은 따로 속도 제한이 없지만 관광 차량은 시속 80킬로미터로 제한되어 있다고 한다. 좀 이상한 것은 고속 도로변에 가로등이 없다는 점이었다. 톨게이트도 없고 통행료도 없다고 했다.

어두운 차창 너머로 멀리 떨어진 인가에서 깜박거리는 전깃불만 바라보다 아예 눈을 감았다. 네댓 시간을 달려, 뮌헨에서 100여 킬로미터 떨어져 있는 작은 도시 퀸츠부르크에 어둠이 깔린 뒤에 도착했다.

문화의 수도 뮌헨으로

다음 날 아침 수수한 시골 도시 퀸츠부르크의 날씨는 쌀쌀했다. 바바리안 지방은 독일의 남쪽에 위치하지만 알프스산맥이 지중해의 따스한 바람을 가로막고 있어서인지 4월이 바로 눈앞에 와 있는데도 산과 들은 거의 얕은 눈으로 덮여 있었다. 좀 두꺼운 셔츠로 갈아입고 버스에 올라 한 시간 남짓 잔설에 잠긴 풍경을 스쳐보고 있었더니 문화의 수도 뮌헨의 중후하고 의젓한 모습이 눈 아래 슬슬 들어오기 시작했다. 이곳 날씨는 종잡을 수 없는 변덕쟁이이다. 비가 오는가 하면 눈이 오고, 흐린가 하면 여우볕이 나고…….

뮌헨은 인구 120만 명으로 독일에서는 세 번째로 큰 도시이다. 둥근 바로크 양식의 종루나 님펜부르크 성 같은 고색창연한 성벽들은 보는 사람의 눈을 끌어당긴다.

▲ 독일의 민속 의상

독일은 오랫동안 신성로마제국이라는 큰 테두리 안에서 300개 이상의 봉건제 토후국과 자치도시로 분할되어 있다가 불과 200년 전에 프로이센에 의해 통일되어 오늘의 독일이 탄생하였다.

이곳 주민들은 다른 지방 사람들보다 훨씬 순박하고 호탕해서 길거리에서도 가볍게 말상대를 해 준다. 피부 색깔도 가지각색이고 복장도 변화무쌍해서 남자는 녹색의 모직물이나 최신의 이탈리아식으로 멋을 내기도 하고, 여자는 민족의상인 던들이나 파리의 샤넬에서 맞춘 최신식 옷을 입기도 한다.

유럽의 도시를 찾아다니는 관광객들은 대체로 그 도시의 중앙 광장을 먼저 찾는다. 그다음으로 시청사를, 그리고 그 도시에서 오래된 교회를 찾게 된다. 그런

▲ 뮌헨의 신 시청사

데 이 세 가지 관광 표적물들은 어느 곳이나 대체로 그 도
시의 중앙부에 모여 있게 마련이다.

　우리도 옛날부터 뮌헨의 시민들이 함께 모여 여러 가지
소식을 교환하고, 자잘한 일상용품을 사고팔며 때로는 죄
인을 공개 처형하던 마리엔 광장을 찾아가 푸른 지붕의
벼룩시장을 살펴보았다. 또 1903년에 새로 지었다는 네
오고딕 양식의 신 시청사를 관람하고, 부근에 있는 고
딕 양식과 르네상스 양식이 혼합된 성모 교회도 차례로 둘러보았다.

　그리고 이 맥주의 도시에서 결코 빠뜨리고 지나갈 수 없는 명물인 초대형 맥
주집, 호프브로이하우스를 들러보기로 했다. 이 맥주 하우스는 한꺼번에 5천 명

을 수용할 수 있는 초대형 홀에서 술잔치를 벌이는데 그야말로 장관을 이룬다고 한다. 시즌도 아니고 점심때도 아니지만 어느 정도 사람들이 있으리라 생각했는데 막상 들어가 보니 홀 안의 분위기는 아주 썰렁했다. 그 넓은 홀에는 아주 띄엄띄엄 네댓 명의 관광객들이 소시지를 안주 삼아 맥주잔을 기울이고 있

을 뿐이었다. 뮌헨의 맥주 축제는 매년 9월 하순부터 약 10일 동안 열린다. 그때가 되면 온 시내가 술에 취해 카니발의 소란 속에 빠지게 되어 관광객들의 마음을 들뜨게 만든다고 한다.

뮌헨은 또한 미술관이나 박물관이 많은 도시로 유명하다. 찾아볼 만한 미술관만 하더라도 30개가 넘는데 그중에서도 알테 피나코테크는 세계적으로 유명한 미술관이다. 그 미술관은 19세기에 루트비히 1세의 명령에 의해 세워진 르네상스 양식의 건물인데 그 안에는 16세기 이래 대공(大公)이나 왕가에서 정력적으로 모은 회화나, 명령으로 직접 창작된 작품 등 무려 7,000여 점이 전시되어 있다. 뒤늦게 미술에 관심을 갖게 된 아내는 모처럼 만난 기회에 꼭 한번 이 미술관을 들여다보고 싶은 심정인 듯 했으나 일정에 없는 일이라 아쉬움을 남긴 채 뮌헨을 떠나야 했다.

아름다운 샘이라는 뜻이
그대로 궁전의 이름이 되어
더 정겹다

음악의 나라 오스트리아로

뮌헨의 높지 않은 아파트 위에 유난히 많은 굴뚝을 무심히 바라보면서 우리는 오전 11시 모차르트의 도시 잘츠부르크를 향해 출발했다. 길 양쪽으로는 짙은 녹색의 침엽수와 연한 연두색 싹을 튼 키 작은 나무들이 줄지어 숲을 이루고, 그 너머로 넓은 평야가 아스라이 펼쳐진 끝에 하얀 눈에 덮여 있는 산맥이 줄지어 서 있다.

우리는 길에서 좀 떨어진 조그마한 음식점에서 햄버거로 점심을 먹고 국경을 넘어 오스트리아로 진입했다. 해방 후, 우리는 한때 오스트리아 출신의 이승만 대통령 부인인 프란체스카 여사를 호주댁이라 부르던 시절이 있었다. 오스트리아를 오스트레일리아와 혼동했을 만큼 우리와는 아주 먼 나라였던 것이다.

오스트리아는 독일, 체코, 스위스, 이탈리아, 유고슬라비아, 헝가리에 둘러싸인 내륙국이다. 오스트리아는 제1차 세계대전 후 한때 유럽에서 큰 세력을 펼쳤던 오스트리아–헝가리 제국이 해체됨으로써 인구 750만의 약소국으로 줄어들었다. 그 후 1938년 히틀러의 침입으로 독일에 병합되었다. 그리고 제2차 세계대전 후 미국, 영국, 프랑스, 러시아 4개국의 공동 관리 하에 놓여 있다가 1955년에 영세중립국을 선언하고 독자적인 외교 노선을 유지함으로써 오늘날 유럽의 평화를 유지하는 데 큰 몫을 하고 있다.

오스트리아 접경지대를 넘어서도 오른쪽으로 멀리 하얀 눈이 덮인 높은 산맥이 계속 이어지더니 그중 한 산봉우리 꼭대기에 아주 작은 별장 같은 것이 보였다. 저게 뭐냐고 가이드에게 물었더니 히틀러의 별장이라고 했다. 히틀러가 다른 사람으로부터 선물로 받았지만 고도가 너무 높아 숨쉬기 불편하다는 이유로 채 열 번도 방문하지 않았다고 한다.

나중에 관광 책자에 나온 사진 설명을 보니 그것은 상당히 큰 별장이었다. 히틀러가 1938~9년에 베르히테스가덴 지방에 있는 켈슈타인 산 정상에 지은 작은 집인데 지금은 거기까지 버스로 올라갈 수 있고 전망은 숨이 넘어갈 정도로 좋다고 쓰여 있었다.

우리를 태운 차는 어느덧 〈소금의 성〉 또는 〈소금의 도시〉를 뜻하는 잘츠부르크 시내로 들어섰다. 시가 오른쪽 언덕 위에 덩실하게 자리 잡고 있는 하얀 성채(城砦)가 눈길을 멈추게 했다. 그것은 잘츠부르크 시내의 어느 곳에서나 볼 수 있는 곳에 있어 그 도시의 상징적인 존재이다. 그 성채는 옆을 흐르고 있는 잘

쟈흐 강보다 120미터 높은 역암(礫巖) 위에 세워져 있다. 1077년 독일 황제와 로마법왕 사이에 서임권(敍任權) 분쟁이 벌어졌는데 당시 이 고장을 다스리던 게브하르트 대주교는 그때의 독일 남부지방 왕자가 침공할 것같이 위협하자 자신의 재산과 몸을 보호하기 위해 그 요새를 건축했다고 한다.

푸른 숲을 폭신하게 깔고 육중한 성채로 온 시가를 휘둘러 굽어보고 있는 호엔잘츠부르크 요새에 넋을 빼앗기고 있는 사이에 차는 이탈리아풍의 분위기가 물씬 풍기는 구시가의 한복판에 호기롭게 버티고 서 있는 르네상스 말기적 성격을 띤 바로크 양식의 대성당 앞에서 멈춰 섰다.

이 성당은 이미 8세기에 지어졌고 12세기에는 콘라트 3세에 의해 독일어권에서는 최대의 로마네스크 양식의 대성당으로서 완성되었던 것이나 1598년 화재로 천장이 소실되자 당시의 대주교 울프 디트리히에 의하여 대대적으로 재건되었다고 한다.

성당 안으로 들어가 보니 10,000명을 수용할 수 있다는 광활한 내부 공간 안에는 모든 것이 여유 있고 화려하게 장식되어 있으며 높고 둥근 천장에는 정교한 프레스코화가 그려져 있었다. 이 성당 안에서 가장 인상적인 것은 이곳 출신인 악성(樂聖) 모차르트의 옛 자취가 여기저기 남아 있다는 점이다.

대제단의 오른쪽에 있는 파이프오르간은 모차르트가 손때가 묻도록 빈번히 연주했던 것인데 6,000개의 오르간 파이프로 만들어졌다고 한다. 예배실 왼쪽에는 모차르트가 세례를 받았다는, 약 700년의 역사를 자랑하는 주석 세례반(洗禮盤)이 있었다.

우리는 대성당을 나와 영화 〈사운드 오브 뮤직〉의 무대가 된 미라벨 정원을 돌아보았다. 사치스러운 저택인 미라벨 궁전은 1606년에 울프 디트리히 대주교가 사랑하는 여인 살로메를 위해 세웠던 것으로 그의 후임자인 대주교 마르쿠스 지티쿠스가 미라벨 정원으로 이름을 바꾸었다. 이 궁전의 뒤편에 있는 계단과 정원은 영화 〈사운드 오브 뮤직〉에서 아이들과 마리아가 〈도레미송〉의 마지막 부분을 불렀던 곳이다.

이 정원의 중앙에 있는 분수대를 둘러싸고 신화적인 4요소 조각이 배치되어 있다. 공기, 흙, 불, 물 등을 상징한 것인데 1690년 조각가 모스트에 의해 제작된 것이라 한다.

▲ 미라벨 궁전과 정원

우리는 5층 높이의 집들이 줄지어 있는 게트라이데 거리로 나와 유독 노란색으로 페인트칠을 한 건물로 갔다. 그것이 모차르트의 생가이며 지금은 그의 전시관으로 쓰이고 있는 집이라고 했다. 모차르트는 이 건물 3층에서 1756년 1월 27일에 태어났다 하며, 4살 때 누나가 치는 소곡을 정확하게 따라 쳤고, 5살 때 작곡을 하고, 6살 때 연주 여행을 하기 시작했다고 한다.

이 전시관에는 모차르트가 쓰던 바이올린, 낡은 피아노와 필사본 악보, 그리고 초상화, 편지 등이 전시되어 있었다. 그리고 2층엔 모차르트의 CD와 각종 기념품을 팔기도 하고 유명한 오페라 〈마술피리〉를 초연할 당시 사용했던 것과 같은 소품들이 전시되어 있었다.

모차르트와 음악제

1756년 1월 27일 오후 8시 잘츠부르크가 자랑하는 위대한 인물이 게트라이데 거리 9번지에서 태어났다. 바로 그 다음 날 대성당에서 세례를 받았는데 세례명은 요하네스 크리소스토무스 볼프강구스 테오필루스 모차르트였다.

아버지인 레오플트 모차르트는 1736년 아우크스부르크에서 잘츠부르크로 옮겨 왔고, 1743년 궁정 관현악단의 제4바이올린 연주자로서의 지위를 얻었고 나중에 악단 부단장까지 맡게 된다.

아버지 레오플트는 아들의 재능을 조기에 발견하고 철저한 교육을 시작한다. 이 천재 소년은 어린 시절과 청년 시절의 대부분을 여행에 바친다. 비엔나, 파리, 런던에서 옹호자인 군주로부터 대환영을 받고 로마교황으로부터는 〈황금박차십자장〉 훈장을 받는다.

1773년부터 1779년 사이, 뮌헨, 비엔나, 파리로 짧은 기간 나들이한 것 외에는 모차르트는 거의 잘츠부르크에서 지낸다. 그 당시 모차르트는 궁정 관현악단의 악단장 겸 오르간 연주자였다.

1780년 모차르트는 오페라 〈크레타의 왕 이도메네오〉의 초연을 위해 뮌헨에 가게 된다. 그런데 그때 비엔나로 동행하라는 히에로니무스 대주교의 명령을 무시했던 탓으로 대주교의 궁정에서 쫓겨나고 만다.

모차르트의 위대한 작품은 그 후 10년을 지내게 된 비엔나와 프라하에서 초연되었다. 〈후궁으로부터의 도주〉, 〈피가로의 결혼〉, 〈마술피리〉 등은 비엔나에서, 그리고 〈돈 조반니〉는 프라하에서 연출되었다.

MOZART

MDCCLVI · MDCCXCI

잘츠부르크 음악제

　오늘날까지도 전 세계적으로 이름을 날리고 있는 잘츠부르크 음악제는 바로 1842년 모차르트의 기념상 제막식과 함께 시작되었다. 그 후 모차르트 악단이 연이어서 음악제를 열게 되었다. 그러나 정식으로 음악제가 창설된 것은 1917년이었다.

　비엔나 출신의 연극 감독 막스 라인하르트의 제안으로 잘츠부르크 음악제 협회가 설립되었고 지휘자인 프란츠 샬크, 시인인 후고 폰 호프만슈탈이 모였다.

　1920년 돔 광장에서 호프만슈탈의 〈예더만〉이 초연되었다. 그리고 1925년 대주교 궁정에서 처음으로 음악제가 열렸는데, 바로 그 자리에 1926년에 세 개의 음악제 회관이 건설되었다.

　한편 모차르트의 생가가 있는 게트라이데 거리에는 상점의 특징을 그림으로 표시하는 소위 〈간판 거리〉가 있다. 그것은 글자를 모르는 문맹(文盲)이 많았던

중세시대, 글을 모르는 사람들을 위해 상점의 특징을 그림으로 표시하기 시작한 전통이 지금까지 내려와 연철로 된 예쁜 간판이 매달린 거리는 관광 명소가 되었다.

잘츠부르크에서 빼놓을 수 없는 곳이 바로 잘츠카머구트이다. 이 고장은 잘츠부르크 동쪽에 부채꼴로 펼쳐진 표고 500~800미터의 고지인데 부근에 높은 산과 호수와 온천, 휴양지 등이 많은 곳이다. 이 잘츠카머구트로 가는 길이 고대의 〈소금의 길〉이기도 하다. 여기에서 맨 먼저 눈에 띄는 곳이 몬드제 호이다. 우리가 몬드제 호변에서 차를 내렸을 때는 날씨가 흐리고 비가 내리기 시작하여 몸에 찬기가 엄습하는 바람에 그 호수의 아름다움을 맛볼 여유도 없이, 아쉽게도 곧바로 차에 올라 오스트리아의 수도 비엔나로 달렸다. 그 대신 버스 안에서 영화 〈사운드 오브 뮤직〉을 감상하였다.

◀ 게트라이데 거리의 간판

비엔나

　15:40에 잘츠카머구트를 출발한 버스는 전깃불이 훤하게 켜진 저녁 8시에 비엔나에 도착했다. 저녁은 이조(李朝)라는 한식집에서 오랜만에 된장국을 먹었으나 신통치 않았다. 우리가 유숙할 호텔은 도심지에서 1시간쯤 떨어져 있는 비행장 부근에 있었기 때문에 10시가 넘어서야 짐을 풀 수 있었다.

　3월 26일 아침, 호텔에서 식사를 끝내고 8시에 비엔나 시내로 들어갔다. 맨 먼저 찾아간 곳은 비엔나에서 가장 유명한 건물의 하나인 쇤브룬 궁전이었다. 쇤브룬이란 이름은 1619년 마티아스 황제가 수렵하는 도중 지금의 궁전이 지어진 터에서 하나의 아름다운 샘을 발견하였는데 그 아름다운(쇤) 샘(브룬)이 그대로 궁전의 이름으로 불리게 된 것이라 한다. 당시 이 주변은 커다란 숲을 이루고 있었고 야생 동물이 많았다고 한다. 1471년에 여기에 건물이 세워졌는데 1568년 막시밀리안 2세 황제가 그 건물을 사들여 수렵용 별장으로 이용했으며,

그때 이 유명한 쇤브룬 동물원도 만들어졌다고 한다.

나중에 터키군의 침입으로 이 건물들이 불타 버린 후 1692년에서 93년에 걸쳐서 피셔 폰 에를라흐가 레오폴드 1세의 명을 받고 베르사유 궁전을 능가하는 궁전으로 설계한 것이 지금의 이 쇤브룬 궁전이라고 한다.

또 쇤브룬 정원은 벽 모양으로 다듬어 올린 가로수와 가로수 길, 꽃의 주단, 장미원, 샘이 있는 정원은 유럽 내에서 가장 아름다운 정원의 하나로 알려지고 있다. 쇤브른 궁전은 마리아 테레지아 시대부터 호프부르크 왕궁 다음으로 합스부르크 가문이 좋아하는 장소였다. 궁전에는 모두 1441개의 방과 홀이 있는데 그중에서 390개가 본래의 공적, 사적인 궁정의 방이었다. 또 1000명에 가까운 사람들이 139개소의 주방에서 근무했다고 한다.

특히 〈기사의 방〉이라고 불리는 큰 방은 황제와 접견을 위해 기다리는 방이었지만 대연회용으로도 사용되었던 곳이다. 그다음에 있는 방이 원래 프란츠 슈테판 1세의 접견실이었는데 그가 죽은 후로는 황후인 마리아 테레지아와 그의 아들인 프란츠 요셉 2세가 사용했다는데 그 벽면을 장식하고 있는 것이나 비품들의 화려한 금박들이 참으로 휘황찬란하다.

나폴레옹의 아들 라히슈타트 공은 이 궁전에서 태어나서 이 궁전에서 죽었다고 한다. 나폴레옹 보나파르트는 1805년과 1809년 두 번이나 비엔나를 점령했는데 그때마다 쇤브룬 궁전에 총사령부를 두었고 당시의 황제 프란츠 2세의

딸 마리 루이스를 처로 삼았었다.

　이 궁전은 제2차 세계대전 때 심한 피해를 입었지만 제2차 세계대전 후, 재건 공사에 들어가 1952년에 끝이 났다. 오늘날에는 나라의 공식 리셉션이 이 궁전의 대연회장에서 개최된다고 한다. 궁전 안 여러 방에 놓여 있는 화려한 비품과 그림들을 보고 나서 밖으로 나와 넓은 후원에 여유 있게 자리 잡고 있는 널찍한 정원과 화단을 둘러보고 다시 한번 감탄했다.

　우리는 맑은 바깥 공기에 숨을 가다듬고, 다시 차에 올라 비엔나 최고의 기념 건축물이라고 하는 성 슈테판 성당으로 자리를 옮겼다.

성 슈테판 대성당

　차에서 내린 우리는 눈앞에 버티고 서 있는 정교한 모자이크 지붕의 고딕 건물에 압도되었다. 남쪽 탑은 1433년에 지어졌고 본당은 1455년에 지은 것이라 한다. 정교하게 설계된 이 고딕 지붕은 제2차 세계대전 때 파괴되었는데 전후에 어렵사리 재건되었다고 한다.

　비엔나의 상징이라고 할 수 있는 높이 137미터의 이 슈테판 탑은 가장 탁월한 고딕 건축물의 하나로 평가되고 있다. 72미터 높이에 있는 망루는 이 지역 전체의 화재에 대비하는 망루의 구실을 해온 것이다.

　독일왕 알브레히트 1세가 1304년에 이 고딕식 교회의 건설을 시작했는데 당시의 스테인드글라스로 만든 창문이 오늘날까지 남아 아름다움을 뽐내고 있다. 그 밖에 중앙에 그리스도와 성 슈테판이, 북쪽에 마리아가, 남쪽에 12사도들이 모셔져 있었다.

슈테판 성당에는 세계 최대의 종 가운데 하나인 〈품머린〉이 있는데 이것은 1711년 터키와의 전쟁에서 약탈한 대포를 녹여 주조한 것으로 원래는 남탑에 있었던 것이다. 그러나 1945년 화재로 타버린 것을 다시 주조해서 1952년부터 북탑에 옮겨 걸어, 매년 12월 31일 0시에 신년을 맞이해서 울린다고 한다.

이 교회의 내부에 들어가니 거대한 파이프오르간이 위용을 자랑하고 있었으며 정면에는 검은 제단이 마련되어 있었다. 이 제단은 1604년에 제작한 것인데 검은 대리석에 주석을 붙여 그 위에 돌을 던지는 성 슈테판의 그림을 그려 넣었다. 성 슈테판은 기독교 최초의 수난자이다.

이 홀 안에는 또한 16세기 조각가 안톤 필그람이 제작한 석조의 설교단과 15세기 말에 만들어졌다는 프리드리히 3세의 대리석 석관이 놓여 있었다. 또 지하 묘지에는 역대 황제들의 내장(內臟)을 보관한 항아리가 줄지어 놓여 있었다.

이 국보적인 건물인 슈테판 성당은 아직도 보수할 공사가 많은지 밖으로 철근 받침대들이 펼쳐져 어수선했다. 성당 관광에 지친 나는 아내를 이끌고 밖으로 나와 바로 앞쪽 모퉁이에 있는 카페에 들어가 본고장의 비엔나 커피를 음미해 보았다. 그런데 별다른 맛을 못 느꼈다.

▲ 국회의사당

바로크 건축과 음악의 나라
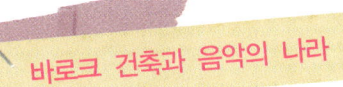

비엔나는 아직도 옛날의 호화로운 대제국의 자취들이 많이 남아 있다. 30개의 궁전, 30개의 교회, 15개의 박물관이 있는 도시이다. 이들은 저마다 다채롭고 독특한 건축 양식을 자랑하고 있다.

물론 이들 중에는 로마네스크나 고딕의 걸작도 적지 않지만, 오스트리아 건축에서 가장 많이 눈에 띄는 것은 바로크 양식이다. 카를 5세가 이탈리아에서 도입한 이 양식은 반종교 개혁의 무드를 타고 이 나라에서 환영받았다고 한다.

1683년 두 번째의 터키군 공세를 격퇴한 후 이 나라는 그것을 축복하듯이 폭발적으로 많은 기념비적 건조물을 만들거나 장식했다. 그리고 이 시기에 많은 건축가, 화가, 조각가들이 배출되었다고 한다.

그런데 이러한 궁전이나 교회나 기념물들은 대부분 19세기 말에 도심의 성곽을 헐고 만들었다는 환상도로 주변에 자리 잡고 있다. 아무래도 이들을 일일이 들여다볼 수 없는 바에는 차를 타고 돌아보는 것도 효과적일 것이라 생각하여 우리는 차를 타고 겉모습만이라도 스쳐보기로 했다.

1945년의 폭격으로 10년만에 공개되었다는 국립 가극장, 짧은 기간 머물더라도 결코 지나칠 수 없는 예술 아카데미, 세계에서 브르겔 작품을 가장 많이 소장하고 있다는 미술사 박물관, 에를라흐가 세운 신비스러울 정도로 아름다운 돔을 지닌 성 카를 교회, 요한 슈트라우스가 오케스트라를 지휘했던 국민공원, 유서 깊은 부르크 극장, 네오고딕 양식의 시청사, 비엔나 대학, 베토벤의 집 등 볼만한 것이 무척 많은데 시간이 없어 자세히 볼 수 없어서 아쉽기 짝이 없었다.

악성의 보금자리 비엔나

오스트리아의 가치는 뭐니뭐니 해도 음악 분야에서 최고로 표현된다. 이 나라는 유명한 작곡가를 많이 낳았을 뿐 아니라 외국의 재능 있는 음악가들을 항상 따뜻하게 키워 주었다. 하이든, 모차르트, 슈베르트, 슈트라우스 부자, 쇤베르크 등은 모두 이 나라 출신이다. 그러나 글루크, 베토벤, 브람스, 리하르트 슈트라우스 등은 독일인이면서 비엔나에서 활약한 음악가들이다.

오늘날에도 잘츠부르크 음악제, 카라얀이 지휘했던 비엔나 교향악단이나 비엔나 가극장이 전 세계의 음악 팬을 끌어들이는 이유는 오랜 전통으로 배양된 실력 때문이다.

국립 가극장 앞에서 환상도로를 따라 중앙역 쪽으로 가면 오른쪽에 임페리얼 호텔

이 있다. 이 호텔의 입구 오른쪽에 리하르트 슈트라우스의 비가 서 있다. 이 호텔 뒤에 빈 필하모니의 연주회장이 있고, 그 앞 전차길 너머 나무들 사이에 브람스의 조각상이 있고 그 위에 아름다운 카를 교회가 있다.

그리고 그 끝의 시립 공원에는 요한 슈트라우스의 동상이 있고 여름에는 동상 옆에서 왈츠가 연주된다고 한다. 또 이 공원 안에는 슈베르트와 브뤼크너의 아름다운 조각상도 있다. 신왕궁 정원에는 모차르트 동상이 있고, 비엔나 국립 음악대학의 아카데미 극장 건너편에 있는 베토벤 광장에는 베토벤의 좌상이 있다.

역시 부다페스트는

세계의 명품 도시 가운데

하나구나 하는 생각이 들었다.

헝가리 부다페스트로

비엔나 숲에서 가까운 곳에 있는 1140년부터 시작되었다는 원조 식당 Ausg'
Steckt Henriger에서 점심을 먹고 14:14에 우리는 헝가리로 통하는 4차선
도로에 들어섰다. 비엔나 교외를 벗어나자 가끔 얕은 구릉지대가 보이다가 아예
넓은 평원지대가 계속됐다.

도로 가에는 키 큰 가로수는 보이지 않고, 파란 새싹이 돋은 작달막한 나무들
이 서 있었다. 빨간 지붕의 주택들이 여유롭게 보인다.

요한 슈트라우스의 〈아름답고 푸른 도나우〉를 들으며 한 두어 시간 갔는가 했
더니 차는 헝가리 국경을 넘었다. 곧바로 휴게소를 만나 일행은 모두 차에서 우
르르 내렸다. 헝가리도 다른 서유럽 국가들처럼 자본주의 바람이 불어 화장실을
유료화하고 있는데, 고속도로 휴게실만은 무료로 개방하고 있어 승객들은 으레
들러야 할 곳으로 알고 있다. 우리는 이 휴게소 매점에서 맛이 좋기로 유명한 필

스너 비어(pilsner beer)를 너
나할 것 없이 사 넣었다.

　멀리 들판 중간쯤에 서너 개의
풍차가 보였다. 넓은 평야에 바람
이 센 편이어서 값싸게 전력을 얻

을 수 있기 때문에 풍차가 많이 활용된다고 한다. 헝가리 땅은 검은 빛을 띠고
있어 매우 비옥하게 보인다. 강우량이 많아 이모작이 가능하며 씨만 뿌리면 무
엇이든 잘 자란다고 한다. 마늘과 고추, 버섯 등이 많이 재배되고 있다고 한다.
　이곳 기후와 토질이 포도 생산에 알맞아 특히 토카이 지방의 와인은 〈왕중의
왕〉으로 명성이 높다고 한다. 또한 이곳 농가에서는 거위를 많이 기르고 있어 거
위털 이불이나 거위 간 요리가 이곳 특산품으로 꼽히고 있었다.
　왼쪽 창문으로 나즈막한 산들이 보였다. 산록에는 자그마한 집들이 여기 저기
흩어져 박혀 있었다. 이웃 오스트리아 지역의 주택과 그 규모에서 차이가 났다.
아마도 한때 사회주의 체제를 겪으면서 얻어진 결과가 아닌가 생각했다. 그런데
그 집들은 정상적인 주택이 아니라 서민들이 주말에 이용하는 별장이라 했다.
그리고 거기에는 욕실도 없고 화장실도 없다는데 믿어야 할지 말아야 할지 모르
겠다는 생각이 들었다.
　큰 도시로 접근할수록 도로변에 더러 다국적 기업들의 광고 간판들이 보이기
시작했다. 우리나라 쌍용 간판이나 일본의 도요타 광고 간판도 보였다. 도시의
변두리 지역에 들어서자 소형 주택들이 난잡하게 밀집되어 있다. 도로변에 서

있는 건물들은 우중충한 모습인데 더러는 굵직한 낙서와 그림이 그대로 방치되어 있어서 역시 낙후된 인상을 씻을 수가 없었다.

그러나 부다 지구의 도심에 접근하자 주변의 인상은 180도로 달라졌다. 오랜 전통을 자랑하듯 검은 빛을 띤 독특한 건축양식의 육중한 건물들이 줄지어 나타나서 보는 이의 눈을 황홀하게 만든다. 역시 부다페스트는 듣던 대로 세계 명품 도시 중의 하나구나 하는 생각이 들었다.

우리는 도나우 강변의 한 음식점에서 저녁을 속히 마치고 말로만 듣던, 아름다운 부다페스트의 야경을 감상하기 위해 유람선에 올랐다. 도나우 강을 사이에 두고 부다 지구와 페스트 지구 양쪽에서 서로 겨루듯이 펼쳐진 찬란한 광경을 보고 있자니 어느 쪽에 눈을 둬야 할지 망설일 수밖에 없었다.

도나우 강의 서쪽, 얼마 높지 않은

언덕 위에서 휜한 불빛에 싸인 위풍당당한 건물이 강을 굽어보고 있다. 그 언덕은 겔레르트(Gellert) 언덕이며 덩치 큰 건물은 부다 왕궁(Budavari Palota)이었다. 그 언덕 위에서 조금씩 머리를 드러낸 건물들이 연이어 나타나다가 갑자기 높이 솟아오른 탑이 보였다. 하얗게 조명을 받은 탑 위에서 춤을 추는 듯한 하얀 여인상이 유난히 시선을 끌었다. 그것은 1947년 제2차 세계대전 후, 나치의 군대가 소련군에게 패하고 부다페스트가 해방된 것을 기념하기 위해 소련이 세운 〈자유의 여인상〉이었다. 그리고 언덕 위에 서 있는 마차시 성당과 어부의 요새도 아름다운 야경을 더하는 데 한몫을 하고 있었다.

한편 도나우 강의 다른 쪽인 페스트 지구에서 휘황찬란한 모습을 발산하고 있는 것은 헝가리 국회의사당이다. 이것은 부다페스트에서도 가장 대표적인 풍경의 하나로 꼽히고 있다고 한다. 그리고 페스트 쪽에서 야경에 아름다움을 더하는 것은 〈성 이슈트반 대성당〉과 〈헝가리 과학아카데미〉에서 발산하는 불빛인 듯했다. 이들은 모두 관광객의 눈을 한동안 꼭 붙잡고 놓아주지 않을 만큼 아름다운 야경을 조성하고 있었다.

헝가리 역사 산책

Park hotel flamenco에서 하룻밤을 지내고 3월 27일 아침에 일어나 호텔 앞에 있는 작은 공원을 거닐어 보았다. 간밤에 비가 내렸는지 땅이 촉촉했다. 공원 안쪽으로 들어가니 서너 명의 중년 아낙네들이 덩치가 크고 귀가 축 늘어진 개를 네댓 마리 데리고 나와서 수다를 떨고 있었다. 손에 아무것도 들지 않은 것으로 보아 개의 배설물을 처리할 생각은 아예 없는 것 같아 보였다. 공원 안을 청소하는 사람이 없는지 여기저기 휴지 조각이며 담배꽁초가 버려져 있고 말라 버린 개의 배설물도 풀잎 사이에 숨어 있었다. 산책할 기분이 아니어서 그냥 호텔로 돌아와서 아침을 먹고 8시에 우리는 현지 가이드를 따라 어젯밤 화려하고 은은한 불빛으로 우리를 매혹시켰던 겔레르트 언덕으로 올라갔다. 이 언덕은 헝가리란 나라가 어떻게 건국되고 또 수도인 부다페스트가 어떻게 형성되었는가를 알려 주는 유서 깊은 곳이다.

    부다페스트는 1873년에 옛 거주 구역인 오부다, 부다, 페스트라는 3개 지구를 병합하여 만들어진 도시이다. 이 3개 지구는 어느 곳이나 역사적으로 상호간에 연계되어 있기는 하지만, 행정상으로는 완전히 독립 체제로 있다. 도나우 강은 부다페스트를 부다와 페스트로 가르는 경계선의 구실을 할뿐 아니라 중세의 거리 모습들을 그대로 보존하고 있는 부다 지구와 나중에 새로 개발한 페스트 지구를 대조적으로 보여주는 특별하고도 중요한 경계 구실을 하고 있다.

    행정상으로 말하면 부다페스트는 23개의 행정구로 나누어지고, 이 나라 총인구의 5분의 1에 해당하는 200만 명의 주민들이 살고 있다. 시내에 다수의 온천이 있어 〈온천의 도시〉, 또는 품위 있는 거리의 모습과 격식 있는 큰 건축물들이 있어 〈중앙 유럽의 파리〉로 불리기도 한다.

    우리를 태우고 온 전용 버스는 먼저 부다 지역의 겔레르트 언덕 중간 지점에 있는 주차장에 멈추어 섰다.

    9세기 경에 우랄산맥을 넘어온 마자르족 7부족이 처음 판노니아 평야에 터를 잡고 헝가리 왕국을 건설하였다. 그 후 국왕들 중 두 형제가 새 영토를 통치하기 위해 오부다로 자리를 옮겼다. 부다페스트의 역사에서 또 하나의 중요한 사건은 서기 1000년 크리스마스 날에 이슈트반 1세가 헝가리 왕으로 등극했다는 사실과, 왕 자신이 국민들을 기독교로 개종하는 데 크게 힘을 기울였다는 사실이다.

그러다가 13세기에는 몽골 유목 민족의 습격을 받고 인구의 대부분을 잃은 수난을 겪기도 했으나 14~5세기에는 차차 회복되다가 그 후로 크게 번영하게 되었다. 그 번영의 추진자는 마차시 코르비미누스 왕이었다. 그는 1458년부터 1490까지 헝가리 왕국을 통치했다.

그 후 1541년부터 1686년까지는 오스만 제국의 지배하에 들어갔다. 오스만제국이 추방되자 권력은 오스트리아의 합스부르크 가문의 손에 넘어갔다. 이 제국의 일부

▲ 헝가리 민속 의상

로 편입됨으로써 헝가리는 사회, 문화, 경제의 여러 분야에서 번영기를 맞이한다. 1867년 헝가리는 2중 군주국가가 구성되었다. 이것은 오스트리아와 헝가리가 두 개의 수도를 갖는 연방국가로서 기능하는 것을 의미한다. 수도 중에서도 비엔나는 제국의 수도가 되었고 부다페스트는 1873년에 정식으로 왕국의 수도로 지명되었다. 제1차 세계대전이 끝나고 오스트리아-헝가리 제국이 붕괴됨으로써 헝가리는 국가로서는 새로운 시대의 막이 열린 것이다. 그러나 독립국가로서의 헝가리는 20세기에 이르러 또 하나의 전쟁을 겪어야 했고, 그리고 40년간의 공산주의 체제를 받아들여야 했다.

부다 왕국

겔레르트 언덕 위에서는 도나우 강 건너편에 자리 잡고 있는 페스트 지구의 시가와 그 뒤쪽으로 아득하게 퍼져나간 평야를 내려다볼 수 있었다. 그리고 뒤쪽으로는 부다 지구의 구 시가지가 내려다보였다. 이 언덕이야말로 헝가리 수도의 뿌리라고 할 수 있는 곳이다. 이 언덕은 이 지역 최초의 입주자가 터전을 잡은 장소일 뿐 아니라 중세에 오스트리아–헝가리 제국이 누렸던 영광의 자취를 가지고 있는 장소이기도 했다. 그래서 이 좁고 긴 거리는 그 자체가 부다페스트를 찾는 관광객들에게 보석과 같이 귀중한 가치를 발산하고 있었다.

이 언덕 위에는 그 중심부에 길이가 300미터에 이르는 네오바로크 양식의 거대한 건물이 자리 잡고 있었다. 바로 부다 왕궁이었다. 이 왕궁은 13세기에 건립된 부다 성이 있던 바로 그 자리에 다시 세워진 것인데 그 뒤로 여러 차례의 개수, 또 몇 차례의 완전 복구 공사를 거친 것이라 한다.

현재의 이 왕궁은 1945년 제2차 세계대전이 종전되기 수개월 전에 소련군의 폭격으로 완전히 붕괴되었던 것을 새로 세운 것이라 한다. 이 거대한 왕궁이 지니고 있는 매력은 아주 많지만 그중에서도 특히 주목할 만한 것은 아름다운 정원이라고 한다. 그 정원 중에서도 가장 아름답다는 평을 받고 있는 것은 보기에도 장엄한 〈마차시 분수〉이다. 네오바로크 양식에 맞추어 1904년에 건조한 것인데 거기에 꾸며진 조각상들은 마차시 코르비미누스 왕(1440~1490)이 수렵하는 모습을 묘사한 것이었다. 전설에 의하면 이 우물에 동전을 던진 사람은 부다페스트로 다시 돌아온다는 말이 있다고 한다. 그리고 이 왕궁 옆쪽으로 나란히 작은 규모의 〈샨돌〉이라는 이름의 궁전이 있었다. 19세기 초의 고전 양식 건물인데 현재는 헝가리 공화국의 대통령 관저로 사용되고 있었다.

◀ 부다 왕궁 앞

마차시 성당

    부다 지구의 심장부에 지붕을 모자이크 장식으로 덮은 높직한 건물이 있는데 그것이 마차시 성당이다. 건물 자체는 13세기에 건립되었지만 현재의 건물은 1896년에 대대적인 재건축 공사를 통해서 네오고딕 양식으로 바꾼 것이라 한다. 이 성당은 성모 마리아에 헌정된 것인데 15세기 헝가리 왕실의 두 번의 결혼식을 여기에서 거행했기에 흔히 왕의 이름을 따서 〈마차시 성당〉이라는 이름으로 불리고 있었다.

    또한 이 성당은 마차시 왕 자신의 대관식이나 부다페스트 역사에서의 중요한 행사의 무대이기도 했다. 천장과 내부 벽면에 새겨진 꽃이나 기하학적 모양 따위를 모티브로 한 다채로운 유리 타일로 장식되어 있었다. 성당 전체를 장식하고 있는 높이 80미터의 아름다운 첨탑(尖塔)이 이 지역의 가장 전형적인 풍경의 하나로 자리 잡고 있었다.

어부(漁夫)의 성채(城砦)

부다 왕궁 인접한 곳에 마치 고깔을 쓰고 있는 것 같은 하얀 빛깔의 건조물이 있다. 네오로마네스크 양식의 이 성채는 부다 지구에 중세때부터 있던 구 성벽의 일부 위에 19세기 말에서 20세기 초에 걸쳐서 건축된 것이라고 했다. 실제로 이 건물은 아래쪽으로 유유히 흐르는 도나우 강과 페스트 지구의 경관을 한눈으로 굽어볼 수 있는 최상의 전망대가 되고 있었다. 〈어부의 성채〉라 부르게된 것은 외부의 침략을 받았던 비상시에 어부동업조합이 이곳의 방어에 가담했었던 인연으로 그렇게 붙여졌다 한다.

그 성채에는 고깔을 쓰고 있는 것 같은 뾰족한 첨탑(尖塔)이 7개가 서 있는데이는 9세기 말에 헝가리라는 나라를 세우기 위해서 우랄산맥을 넘어 이 나라에들어온 마자르족 7부족을 상징한 것이라 한다.

또한 1906년에는 이 성채 안쪽에 이슈트반 1세의 기마
상이 세워졌다. 이슈트반 1세는 헝가리 왕국의 초대 왕으
로 등극하면서 왕국 전체를 기독교로 개종시켰던 인물이
다. 이렇게 독실한 신앙심으로 이 왕은 사후 45년만인
1083년에 성자(聖者)의 대열에 추앙되었다고 한다.

▲ 어부의 성채

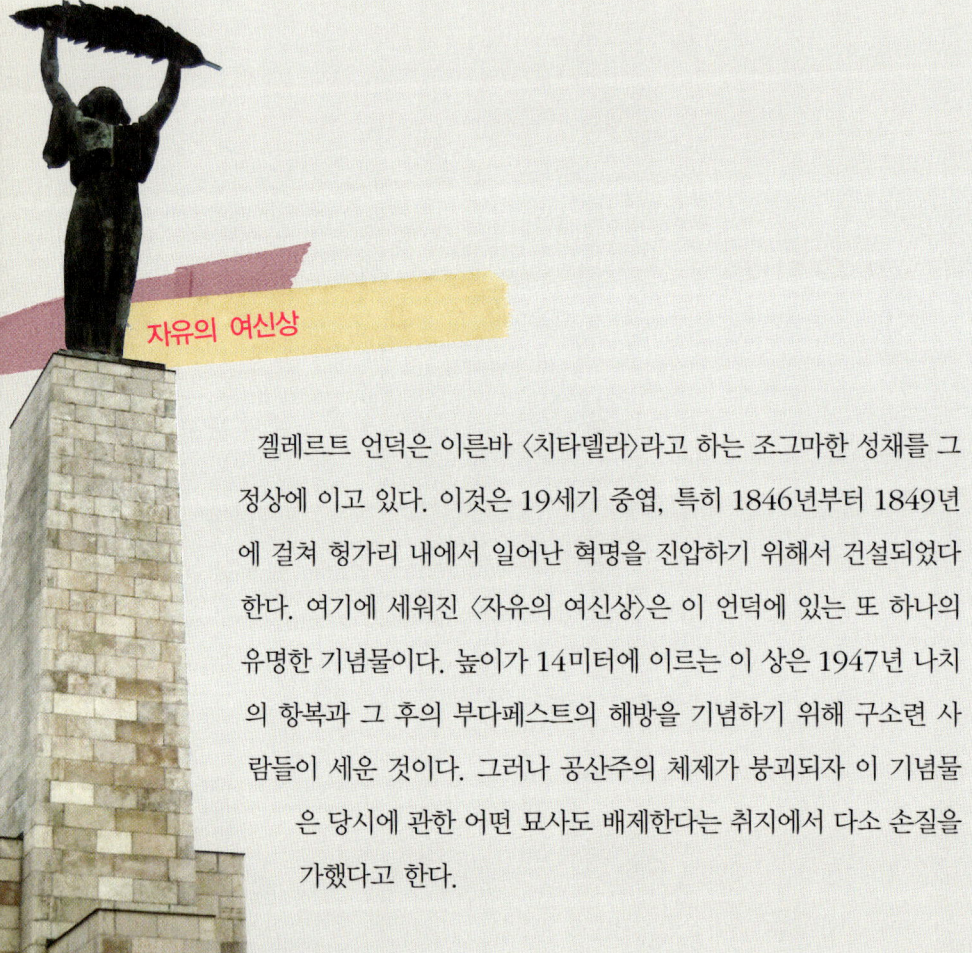

자유의 여신상

    겔레르트 언덕은 이른바 〈치타델라〉라고 하는 조그마한 성채를 그 정상에 이고 있다. 이것은 19세기 중엽, 특히 1846년부터 1849년에 걸쳐 헝가리 내에서 일어난 혁명을 진압하기 위해서 건설되었다 한다. 여기에 세워진 〈자유의 여신상〉은 이 언덕에 있는 또 하나의 유명한 기념물이다. 높이가 14미터에 이르는 이 상은 1947년 나치의 항복과 그 후의 부다페스트의 해방을 기념하기 위해 구소련 사람들이 세운 것이다. 그러나 공산주의 체제가 붕괴되자 이 기념물은 당시에 관한 어떤 묘사도 배제한다는 취지에서 다소 손질을 가했다고 한다.

부다와 페스트를 연결하는 세체니 다리

　우리는 전용 버스를 타고 겔레르트 언덕을 내려와 부다 지구의 거리를 크게
한 바퀴 드라이브하고 난 다음 부다와 페스트를 연결하는 사슬 다리를 서서히
건넜다. 그 다리의 끄트머리에 있는 루즈벨트 광장에서 우리는 차에서 내렸다.
지나온 길을 뒤돌아보니 다리 양편에 있는 두 마리의 사자상 뒤쪽으로, 도나우
강 건너편 겔레르트 언덕 위, 부다 왕궁의 늠름한 모습이 한눈에 들어왔다.
　세체니(Szecheny)라는 이름의 이 사슬 다리는 1839년에 착공하여 1849년
에 완공한 다리인데 영국인 기사 윌리암 클라크가 설계하고 스코틀랜드 사람인
아담 클라크가 감독하여 만들어진 아주 멋있는 다리이다. 옛날, 다리가 없던 시
절에 나룻배를 이용하거나 겨울에 강물이 얼기를 기다려야 했던 시민들의 딱한
사정을 안타깝게 생각한 세체니 백작이 거액의 사비를 들여 건설한 것이라고 한
다. 이 다리의 양쪽 입구에는 앞서 얘기한 대로 유명한 조각가가 만든 네 마리

의 사자상이 양쪽 좌우로 각
각 배치되어 있었다. 사자상
은 마치 이 다리를 지나가는
사람들이나 차량들을 감시
하듯 지켜보고 있는데, 이
것 또한 이곳의 명물 가운
데 하나가 되었다. 이 다리
는 제2차 세계대전 중 폭
격으로 손상을 받았지만

다리의 탄생 100주년에 해당하는 1949년에 다시 개수되어 개통되었다고 한다.

세체니 다리 건너편에 있는 루즈벨트 광장에는 두 개의 매력 있는 건조물이 있다. 헝가리 과학 아카데미와 그레샴 궁전이다. 과학 아카데미는 1862년에서 1864년에 걸쳐 건설된 네오르네상스 양식의 건물인데 이 건축 양식의 훌륭한 모델 가운데 하나로 평가되고 있다. 한편 그레샴 궁전은 1907년에 건조된 것인

데, 이 건물 역시 과학 아카데미에 비해 결코 손색이 없는 분리파 예술의 모범적인 건축의 예로 주목 받고 있는 것이다. 그리고 과학 아카데미의 정면에는 헝가리 문화와 헝가리 언어를 위해 크게 이바지한 Szarvas Cabor를 기념하는 흉상이 세워져 있다.

헝가리 국회의사당

부다페스트에서 가장 대표적인 풍경은 도나우 강의 동쪽을 바라보며 어디에서나 그 근사한 실루엣이 떠오르는 헝가리 국회의사당의 경관이다. 1885년부터 1902년에 걸쳐 헝가리 건국 1천년을 기념하여 건립했다는 건물이다. 또한 의사당의 건립은 국민들의 사회적인 요구를 충족시키려는 목적도 있었다고 한다. 사회적 요구란 다른 것이 아니라 시인인 미하이 뵈뢰슈머르치가 1846년에 조국은 집을 갖지 못하고 있다고 지적하고, 헝가리가 맞이하고 있는 문화 및 경제적 번영기에 상응하는 국회의사당을 지어야 한다고 호소했던 것을 말한다. 건설 책임자로 지명된 건축가 슈데인도르 이므레는 영국 국회의사당을 참고로 이를 설계했다고 한다.

네오고딕 양식의 이 화려한 건축물은 1만 7천7백제곱미터의 건축 면적에 정면의 길이는 250미터이며, 방의 수가 약 900개에 달한다. 그리고 거기에 솟아 있는 무수한 탑이나 작은 첨탑 등의 모든 수치를 보면 이 건물이 엄청나게 장대하다는 것을 말해 주고 있다.

특히 재미있는 수치를 소개하자면, 이 의사당의 상층에 솟아 있는 네오르네상스 양식의 돔의 높이, 96미터이다. 이 높이는 헝가리 왕국 건국의 연호(896년)를 기억할 수 있도록 설정된 것이다.

국회의사당 내부는 조각, 스테인드글라스, 프레스코 그림, 천정의 그림, 그 밖에 고딕, 바로크 또는 르네상스 예술을 아우르는 독자적 모티브로 구성된 치밀하고도 호화로운 장식을 자랑하고 있었다.

돔 아래에 위치하는 중앙의 큰 홀은 공식 행사나 의식에 이용되고 있는데 여기에는 특히 헝가리의 상징이라고 할 수 있는, 비틀어진 십자가가 붙어 있는 〈성 이슈트반의 성관(聖冠)〉이 수용되어 있다. 전설에 의하면 이 왕관은 일찍이 11세기에 성 이슈트반이 헝가리의 초대 왕으로 즉위하는 날 왕관이 눈부시게 보이도록 하라고 특별히 로마교황이 이슈트반 왕에게 보내준 것이라고 한다.

성 이슈트반 대성당

　헝가리 초대 왕인 이슈트반의 이름으로 헌정된 이 대성당은 1851년에 착공하여 1905년에 완공하였는데, 8천5백석을 수용하는 부다페스트 최대의 종교건축물이다. 이 건물 돔의 높이는 국회의사당 돔과 똑같은 96미터에 이르기 때문에 국회의사당과 더불어 헝가리 국내 최고의 높이를 자랑하고 있다. 역사가별로 오래되지 않았음에도 몇 차례나 복구공사를 하였다고 한다. 처음의 복구공사는 1868년 폭풍우로 돔 부분에 손상을 받았을 때였고, 그 다음은 제2차 세계대전 종전 후에 손을 보았다고 한다. 대성당은 네오클래식과 네오르네상스 양식을 조화시킨 그리스 십자가(가로 세로가 같은 길이의 십자가)의 평면 모양이다. 그 내부에는 이 성당의 수호성인(守護聖人)의 부조와 국내의 다른 성인상(聖人像)에 의한 풍성한 장식이 전시되고 있었다. 외관으로는 개선문 형태의 입구, 헝가리 통치자들의 조상(彫像), 그리고 번듯하게 솟아오른 두 개의 탑이 유난히 돋

보였다. 그러나 이 대성당이 가장 매력적인 이유는 성스러운 성 이슈트반의 오른
손이 안치되어 있기 때문이다. 그래서 헝가리 수호성인이며 왕국의 초대 왕의 이
성스러운 유물은 전국의 가톨릭 교도들로부터 지대한 숭배의 대상이 되고 있다.

영웅광장

    화려한 Andr'assy 거리의 종착 지점에 있는 영웅광장은 부다페스트 최대의 광장이다. 이 광장에는 가브리엘 대천사(大天使)를 꼭대기에 이고 있는 높이 36미터의 거대한 기둥이 있다. 또 건국 1000년을 기념하는 비석이 이 광장의 중앙에 솟아 있다. 그 주상(柱像)의 밑 언저리에는 헝가리를 건국한 마자르족 7명의 부족장들 상이 줄지어 있다. 그 양쪽으로는 국왕이나 나라의 통치자들의 상과 비슷하게 번영, 전쟁, 평화, 현명등의 상을 볼 수 있다.

    이 광장에는 1951년 소련의 지배에 반기를 들었던 헝가리 민주 항쟁에서 희생된 민주 열사들을 기념하는 비석이 서 있다. 그리고 이 광장의 주변에는 신고전주의 양식의 두 개의 근사한 건축물이 있다. 하나는 국립 서양미술관이며 또 하나는 예술 궁전인데 둘 다 20세기 초에 건조한 것이다. 미술관에는 엘 그레코, 마네, 모네, 루벤스, 세잔 등의 그림을 비롯해서 부다페스트에 있는 외국 미

술가들의 컬렉션을 소장하고 있는데 예술 궁전은 특별전의 개최에 이용된다고
한다.

이 도시에는 이 밖에도 찾아볼 만한 것들이 매우 많지만 우리는 다음 여정을
위해서 점심을 먹어야 했다. 마침 한국 식당이 있다고 해서 한식을 먹기로 했다.
비빔밥을 시켰는데 된장국도 제법 맛이 났고 나물도 먹을만 해서 오래간만에 맛
있게 먹었다. 또 이 식당에서 헝가리의 특산이라고 자랑하는 토카이 와인의 맛
을 봤는데 달콤한 맛이었다.

이곳 사람들은
주로 슬라브족으로
키는 작지만
아주 부지런해 보였다.

점심을 끝내고 우리를 태운 전용버스는 12:50, 부다페스트를 떠나 슬로바키아로 향했다. 오늘 밤 유숙할 호텔이 있는 타트라까지는 5시간이 소요된다고 했다.

부다페스트의 북쪽 근교에 있는 주택들은 그 규모가 더 커 보였다. 우리가 지나가는 도로 군데군데에서 확장 공사가 벌어지고 있었다. 이 나라는 2004년 EU에 가입한 후 EU로부터 도로 정비를 위한 지원비를 받고 4차선으로 확장 공사를 진행 중이었다. 헝가리는 유럽의 중앙에 위치하면서도 도로가 제대로 정비되어 있지 않아서 물류 속도가 늦기 때문에 주변 국가들의 특별 지원을 통해 해결하고 있다는 것이다.

근교 지역에서는 상업 단지를 조성하려는지 소규모 건축 공사가 한창이었다. 도로변으로 주말농장 같은 것도 보이고 포도밭도 보였다. 멀리 산들이 보였지만 높지는 않았다. 넓은 평원은 아직도 경작되지 않은 땅이 많은 것 같았다. 들 가운데는 역시 기마민족답게 말을 많이 기르는지 축사와 그 주변에 무리 짓고 있는 말들의 모습이 보였다.

슬로바키아 접경지대에 이르렀다는 말을 들은 지 얼마 안된 것 같은데 우리가 탄 버스가 갑자기 정차했다. 무슨 일이 생겼나 하고 시계를 보니 15:54이었다. 기다리고 있던 한 젊은이가 다가오자, 우리 차의 기사가 밖으로 나갔다. 한참 이야기를 주고받더니 기사가 차에 올라 지갑을 꺼내 다시 나갔다. 여기에서도 이런 거래가 통하는 모양이다. 속도위반으로 걸렸는데 80유로를 주고 해결했다고 했다.

슬로바키아란 나라

일제시대에 어린 시절을 보냈던 나는 체코슬로바키아란 명칭에 익숙해 있어서 그냥 슬로바키아라고만 하면 아주 생소하게 느껴진다. 체코와 슬로바키아가 약 1천년 동안이나 분리되어 있다가 하나의 체코슬로바키아 공화국으로 통일된 것은 약 90년 전인 1918년 10월이었다.

그런데 이 두 지역은 오랜 세월 동안에 서로 다른 언어와 전통, 문화를 유지해 왔기 때문에 통일된 후에도 서로 완전한 통합을 이루지 못하다가 1993년 1월 1일에 다시 예전대로 보헤미아와 모라비아를 합한 체코 공화국과 슬로바키아 공화국으로 다시 분리하기로 합의했던 것이다.

슬로바키아의 북쪽 국경 지대는 카르파티아산맥의 험준한 봉우리들이 솟아 있어 슬로바키아 공화국을 주변에서 고립시키고 있는 형국이다. 천연의 요새라고 말해도 좋을 것이다. 사람들을 쉽게 접근하지 못하게 하는 대신 일단 외적에게 점령된다면 꼼짝도 할 수 없는 상황으로 몰린다.

슬로바키아가 1천년 동안이나 마자르족(헝가리 민족)에게 점령되었던 것이나 남부 지역이 1526년부터 17세기 말까지 약 2세기에 걸쳐서 오스만터키의 지배하에 놓여 있었던 것도 까닭이 없는 것은 아니다.

  국경을 넘었는데도 도로 조건은 헝가리와 별 차이가 없이 조악한 편이었다. 이 곳 마을의 생활 환경도 역시 헝가리와 비슷하게 아직 사회주의 체제에서 벗어나지 못하고 있는 인상이었다. 차이가 있다면 주택 주변에 좁은 텃밭을 갖고 있고 낮은 아파트의 빛깔이 좀 더 밝고, 창문에 흰 커튼이 더러 걸려 있다는 점이었다. 커튼이 없는 집은 빈 집이라 했다. 집 밖에 나와 활동하는 사람들이 더 많아 보이고 논밭에 있는 채소도 생기가 있어 사람의 손길이 더 들어가 있다는 느낌이었다. 이곳 사람들은 주로 슬라브족이라고 하는데 키는 작지만 부지런해 보였다. 마을 묘지에는 생생하게 보이는 생화들이 놓여 있어 인심이 후하고 따뜻하게 느껴졌다.

  슬로바키아는 국토가 한국의 3분의 1 정도밖에 안 되는 농업 국가인데 최근에야 서서히 공업화가 진행되고 있었다. 외국 기업들이 들어오기 시작했고 한국

▲ 도노반 스키장

기업 기아자동차나 한국타이어도 자리를 잡고 있어 약 2천여 명의 한국인들이 살고 있다고 한다. 지난 1월 1일부터 유로화를 사용하기 시작했지만 인구수가 워낙 적고 국내 시장이 좁기 때문에 경제 발전에 한계가 있다. 주로 목재를 수출하고 있고 국민소득은 1만 2천불 정도라고 한다.

차가 북쪽으로 올라갈수록 침엽수의 숲이 짙어지더니 나무 아래 쌓인 눈의 높이도 높아갔다. 얼마 후에 기사가 여행객이 좋아할 길이라며 좁은 산길로 접어들었다. 버스 기사가 슬로바키아 출신이라 이곳 길을 잘 안다고 했다.

눈 사이로 뚫린 길은 험했지만 풍치는 비할 바 없이 아름다웠다. 눈을 소복소복 이고 있는 나무들, 눈가루를 흩뿌리며 날아가는 새, 간간이 보이는 급경사 지붕의 집들, 버스 안을 적시는 애잔한 선율까지 더하여 이색적인 정취가 가슴을 녹였다. 울퉁불퉁 덜컹덜컹, 산길은 한동안 계속되었다.

한참 숲속을 헤매다가 갑자기 시야가 트였다. 거기에는 적당한 간격을 두고 몇 채의 하얀색 리조트 건물들이 서 있었다. 건물 앞 광장에는 대형 관광버스와 소형 승용차들이 제멋대로 섞여 있었다. 〈도노반 스키장〉이라 했다.

우리 일행도 버스에서 내려 눈에 덮인 리조트 주변을 어슬렁거려 보았다. 별 볼거리도 없어 쓸쓸하기만 했다. 그렇지만 한창 스키 시즌에는 이웃 나라에서 많은 스키어들이 모여들어 제법 번잡한 분위기를 이룬다고 한다. 타트라 국립공원의 산림 지역을 벗어나니 산야에서 하얀 눈이 씻은 듯이 사라져 버리고 고즈

넉한 시골 도시가 얌전하게 자리 잡고 있었다. 10여 층 높이의 고층 아파트도 보이고 일반 주택이나 상가도 모여 있었다. 하지만 차량의 통행은 너무 한적했다. 5:30에 우리는 Poprad Hotel에 도착했다. 채소가 싱싱하고 맥주가 맛있었다.

타트라 산은

기슭에서부터 눈에 덮여

그 범상한 귀태를

뽐내고 있었다.

타트라 산맥을 넘어 폴란드로

3월 28일의 아침 6:30, 호텔 식탁에는 싱싱한 샐러드와 고소한 소시지가 쌓여 있었다. 호텔 손님으로는 러시아인이 가장 많고 중국 사람들도 더러 찾아오는데, 이곳 신선한 공기가 아토피, 천식, 비염 환자의 치료에 효과가 아주 좋다고 했다.

우리를 태운 차는 8:30에 서둘러 호텔을 떠났다. 폴란드로 가려면 1800미터의 타트라 산맥을 넘어야 했다. 알프스산맥의 일부인 타트라 산은 기슭에서부터 눈에 덮여 있고 우뚝 솟아오른 정상 부분은 아침 햇살에 그 범상치 않은 귀태를 뽐내고 있었다.

차는 산길을 천천히 올라갔다. 규모가 좀 커 보이는 집들이 삼나무 숲 사이사이에 박혀 있었다. 목재가 흔한 곳이라 그런지 벽을 온통 나무로 장식한 집이 많았다. 집의 구조나 모양도 일률적이 아니라 저마다 개성을 살리려 애쓴 것 같은

데 아마도 이곳은 스키장이 있어 다소 생활에 여유가 있기 때문인 것 같았다.

차는 양 옆으로 눈이 시루떡처럼 퇴적되어 있는 길을 조심스럽게 올라가더니 9:36에 폴란드 땅으로 진입하였다. 그리고 서서히 언덕을 내려와 10시에는 터니아라는 시골 도시를 지났

다. 이곳 집들은 슬로바키아보다 규모도 크고 색깔도 더 밝은 것 같았다. 여덟 칸을 단 기차가 평화롭게 지나갔다. 중앙 분리대가 있는 4차선 도로변에는 제법 많은 입간판들이 눈에 띄었다.

폴란드도 겨울에는 날씨가 추워 보드카를 곧잘 마신다고 한다. 발트해 주변에는 소나무 숲이 우거져 그 송진에서 얻어지는 호박이 이곳 특산물로 유명하다고 한다. 또 다른 특산물로 말이 유명한데 키가 크고 털도 길어서 경마용으로 쓰여 값이 비싸다고 한다.

크라쿠프에 접근하면서 차량의 속도가 아주 느려졌다. 도로 확장 공사가 여기 저기서 벌어지고 있어서 차량의 정체가 더 심한 것 같았다. 폴란드도 EU에 가입한 후로 소득이 높아지자 차량도 부쩍 많아지고 있다고 했다. 약간 짜증을 느끼면서 우리는 12시가 넘어 폴란드의 옛 수도 크라쿠프에 도착했다.

크라쿠프는 인구 75만 명으로 폴란드 최대 도시의 하나이며 남부의 중심지이다. 14세기부터 16세기까지는 이 나라의 수도이기도 했다. 이 도시는 오랜 세월동안 폴란드의 중심이었을 뿐 아니라 1천 년에 걸쳐 번영해왔던 폴란드 문화의 발상지이기도 하다. 또한 몇 천 개에 이르는 귀중한 건축 문화유산들이 나치 독일의 파괴로부터 벗어날 수 있었다는 사실은 기적과 같다.

그래서 지난날 좋은 시절의 면모가 지금도 거리 전체에 남아 있다. 중세의 왕궁이나 성당들이 그림과 같은 아름다움을 보이고 있다.

이 도시의 중심부에 있는 바벨 언덕에는 폴란드의 상징이며 폴란드 문화의 보고(寶庫)라고 할 수 있는 르네상스 양식의 왕궁을 비롯해 귀중한 건축 유산들이 모여 있다. 11세기에서 17세기에 걸쳐 폴란드의 역대 왕들과 왕자들이 살았던 왕궁 건물들은 지금은 그 아래쪽을 흐르고 있는 비스와강과 그 주변에 자리 잡고 있는 구 시가를 조용하게 굽어보고 있었다. 우리는 이 유서 깊은 곳을 관광하는 것을 잠시 미루고, 우선 13세기부터 지하에서 암염(巖鹽)을 파기 시작했다는 소위 〈소금광산〉을 구경하기 위해 서둘러 점심을 먹었다.

▼ 바벨 성

▲ 소금 샹들리에

지하에 굴착(掘鑿)된 소금광산

　　지난 13세기 후반부터 소금이 채굴되었다는 지하 암염채굴갱(巖鹽採掘坑)은 1978년에 유네스코의 세계문화유산으로 지정된 바 있다. 이 지하에 있는 소금광산을 보기 위해서는 일단 엘리베이터로 내려가서 각 층에 있는 여러 개의 방으로 연결되는 나무 계단으로 걸어 들어가야 했다. 각 층에 있는 방들을 참관할 수 있도록 방문자를 위해서 특별히 관광 통로가 마련되어 있는데 그 길이는 서울에서 대구에 이르는 거리만큼이나 길다고 한다. 그러나 견학이 허용된 곳은 지하 125미터의 장소, 즉 현재 체굴갱의 유산으로 지정되어 있는 부분들, 그리고 그곳에 조성되어 있는 지하의 호수까지로 제한되어 있었다. 광산 노동자들이 암염 (巖鹽)으로 만든 각종의 조각 작품들은 관광 통로 도중에 있는 여러 채굴갱 방안에 보존되어 있었다. 그 조각상의 정교함과 아름다움, 그리고 사통팔달(四通八達)의 지하 통로의 조성에 대한 경이로움에 끌려서 매년 전 세계에서 수십 만명

▲ 지하 예배당의 최후의 만찬

의 관광객들이 이곳을 찾고 있다고 한다. 소위 〈에라스므 바론지〉라고 하는 방은 19세기에 개발하여 꾸며놓은 곳인데, 그 안에는 소금물로 채워진 호수가 있고, 〈야노빗쉐〉라는 방에는 암염 조각가인 뮤지스프 쿠루즈카의 걸작품 대전설(大傳說)이라는 이름의 암염 조각이 그대로 보존되고 있었다.

전설에 의하면 헝가리로부터 소금과 함께 〈성 킹가의 결혼반지〉도 이곳으로 보내졌다고 한다. 이 전설에 바탕을 두고 설계한 것이겠지만 실제로 이 지하 소금광산에는 〈성 킹가 예배당〉이 지하 10미터에 있는 방에 실물대(實物大)로 건립되어 있었다. 유세프와 드만 마르코프스키 형제와 안토니 비로데크라고 하는 광산 노동자였던 암염 조각가들에 의해서 3년의 세월에 걸쳐서 만들어진 놀라운 작품이었다. 그리고 비에즈코바 스카와의 방은 실물 이상으로 아름답게 꾸며놓은 채굴갱의 하나였다. 지하에 이렇게 넓고 큰 방이 있고 그 속에 있는 소금 바위로 그렇게 정교한 조각품을 만들어 놓았다는 사실이 놀랍기만 했다.

소금광산 지하에 조성된 대규모 시설과 조각 작품에 경탄을 아끼지 않았던 우리는 엘리베이터를 타고 지상에 올라오자 바로 버스를 타고 크라쿠프의 중심에 있는 중앙 광장으로 자리를 옮겼다. 이 중앙 광장은 가로와 세로가 각각 200미터나 되는 유럽 최대의 중앙 광장이다. 1257년에 만들어진 것이라는데 현재 그 광장 안에는 2층으로 길다랗게 늘어선 직물회관이 크게 자리 잡고 있는데 그 안에는 각종 상점이 줄지어 들어서 있었다. 이 직물회관은 1358년에 카시미에스 비에르키 왕이 개축했던 것인데, 그 뒤에도 여러 차례 개축되었다고 한다. 현재의 건물은 1875~79년에 개축한 것이었다. 안쪽으로 들어가 보면 중앙에 통로가 있고 양쪽에 전시대들이 늘어서 있는데 전시된 상품은 직물뿐 아니라 다른 상품들, 주로 액세서리

류가 많았다.

이 직물회관의 2층에는 크라쿠프 국립박물관의 소장품으로 19세기 폴란드의 회화와 조각들을 모아 놓은 전시실이 있었다. 여기서는 얀 마디크, 야쓰에그 마르체프스키, 헨리크 슈미라즈키, 유세프 헤우모니스키 등의 작품들을 감상할 수 있었다.

길쭉하게 늘어서 있는 직물회관 조금 앞에 폴란드의 국민적 시인으로 추앙되고 있는 아담 미츠키에비치의 동상이 서 있었다. 이 동상은 14세기에 세운 것이라 한다.

그리고 직물회관 오른쪽 끝 뒤편으로는 크라쿠프의 가장 귀중한 유산 중의 하나인 구 시청사의 높은 탑이 서 있었다. 그리고 그 탑의 4층에는 크라쿠프 역사박물관의 전시실이 있는데 거기에는 크라쿠프의 역사와 관련 있는 유품들이 전시되고 있었다.

또한 직물회관 왼쪽 끝에는 14세기 후반에 세웠다는 고딕 양식의 〈성모마리아 성당〉이 있었다.

중앙 광장은 또한 건축문화유산으로 지정된 많은 민가(民家)와 궁전으로 둘러싸여 있었다. 16세기와 17세기 중반까지는 가장 부유한 상인이나 귀족들이 이곳에 살았다고 한다. 그리고 이 중앙 광장은 전통적인 행사와 여러 가지 시민 축제가 열리는 장소이기도 하다. 폴란드 군대의 오케스트라 퍼레이드도 여기에서 열리고 크라쿠프시의 대학생 축제도 여기에서 열린다고 한다.

우리가 이 광장을 방문했을 때는 광장 안에서 벼룩시장이 열려 많은 사람들이 북적거리고 있었다. 그들은 각종 과일이며 소시지, 꽃들을 팔고 있었다. 하얀 머리에 하얀 수염으로 얼굴을 가리다시피하고 마치 하나의 조각 작품처럼 부동 자세로 서 있는 모델 앞에서 아이들이 킬킬대고 있었다. 숙소로 돌아가는 길에 호박 제품을 파는 가게에 들렀으나, 디자인이 신통치 않아 별로 팔리지 않을 것 같았다.

아우슈비츠로 가는 길

크라쿠프 시내에 있는 호텔에서 하룻밤을 보내고 3월 29일 아침, 우리는 제2차 세계대전 중에 나치 독일의 유태인 대학살이 벌어졌던 아우슈비츠로 떠났다. 간밤에 비가 내렸는지 하늘이 뿌옇고 흐렸다. 이곳에서는 3월에 한번쯤 함박눈이 내리지 않으면 봄이 오지 않는다고 한다. 폴란드에는 동서와 남북으로 뚫린 두 개의 고속도로가 있는데 그중 딱 한 지점에서만 요금을 받고 있어서 항의 시위가 벌어지기도 했었다고 한다.

도로에서의 차량은 그다지 붐비지 않고 적당한 편이었다. 대우와 기아차를 더러 볼 수 있었는데 대우가 갑자기 망하면서 이곳 사람들의 한국에 대한 이미지가 흐려졌다고 한다. 지금은 LG와 SK도 이곳에 진출하고 있어서 한국은 이제 생소한 나라는 아니라고 한다.

밋밋한 구릉과 널찍한 평원이 많은 것이 우리와 다르기는 하지만 농촌의 소박

▲ 아우슈비츠 가는 길

한 분위기는 별로 다를 것이 없는 것 같았다. 다만 타트라 국립공원 리조트 지역에서 느꼈던 것보다는 주택의 규모가 작아진 것 같았다.

체구가 한국인답지 않게 늘씬하고 이곳에 관한 지식과 정보가 만만치 않은 우리의 가이드는 오늘의 여행에 대한 사전 정보를 제공하는데 열심이었다.

가이드의 설명에 의하면 히틀러는 오스트리아 사람인 아버지를 싫어했다고 한다. 세 번째 부인의 아들로 태어난 그는 아버지를 미워하고 어머니에게 집착했다. 처음엔 직업학교에 다녔는데 성적이 좋지 않았고, 13세 때 아버지가 세상을 떠났지만 아버지의 연금으로 생활을 유지할 수 있었다. 그러다가 어머니마저 병

석에 눕게 되었는데 어머니를 치료한 의사가 유태인이었다고 한다.

히틀러는 어릴 때 화가가 되는 것이 꿈이 었는데 미술학교 시험에 두 번이나 떨어졌다. 그때 심사위원 4명도 우연히 유태인이었다. 26세 때 군대 영장을 받게 되자 독일로 도망쳤으나 붙잡혀서 신체검사를 받았지만 불합격해 고향으로 돌아갔다.

3년형을 살고 난 후에 나치당에 가입하여 선전부장의 요직을 맡았다. 그 후 승승장구하여 1932년에는 총통 자리에까지 올랐다. 38년 패전으로 감옥 생활을 하던 중에 〈나의 투쟁〉이라는 책을 저술하여 독일에서는 성경 다음으로 베스트셀러가 되었다고 한다.

가이드의 설명에 의하면 아우슈비츠 수용소를 찾아오는 많은 사람들 중에서 가장 많이 오는 사람은 폴란드 사람들이고 그 다음은 이스라엘 사람들이라고 한다. 세 번째가 독일 사람들인데 이들은 자국의 잘못을 인정하고 속죄하는 마음으로 찾아온다는 것이다. 그런데 제2차 세계대전 중 남경대학살 등 비슷한 잘못을 저지른 일본 사람들은 별로 찾아오지 않는다고 한다. 그리고 네 번째가 영국 사람들이며 다섯 번째가 우리 한국 사람들이라고 한다.

아우슈비츠 수용소의 설립

우리가 탄 버스는 크라쿠프를 출발한 지 약 한 시간쯤 지나 8:50에 아우슈비츠(폴란드어로는 오슈비엥침이라 한다) 수용소의 정문 앞에 다다랐다. 정문 앞에는 엉성한 철문이 외부 사람들의 출입을 가로막고 있었다. 철문 바로 위쪽에는 약간 비아냥거리는 투의 일하면 자유가 온다〈ARBEIT MACHT FREI〉라는 글이 쓰여 있는 현수막이 걸려 있다.

수용소에서 한 직원이 나와 우리를 인솔한 한국인 현지 가이드와 악수를 교환하더니 곧바로 우리를 맞이했다.

이 수용소는 원래 1940년에 폴란드인 정치범을 수용하기 위해서 설치되었다고 한다. 당초에는 폴란드인을 학살하려는 장소로 이용할 예정이었으나 시간이 지남에 따라 나치는 전 유럽 사람, 주로 국적을 달리한 유태인들, 그리고 집시와 소련군 포로들을 여기에 가두기 시작했다고 한다.

죄수로는 체코인, 유고슬라비아인, 프랑스인, 오스트리아인, 그리고 독일인도 있었고, 수용소가 해방될 때까지 폴란드인 정치범도 계속 여기에 가두어 두었다고 한다.

수용소 설립 명령은 1940년 4월에 내려졌으며, 루돌프 헤스가 소장으로 임명되었다. 1940년 6월 14일에 게슈타포에 의해서 이 수용소에 첫 번째로 감금된 사람들은 정치범으로 호송되어 온 728명의 폴란드인이었다고 한다.

폴란드의 오슈비엥침에 세운 이 수용소는 설립 당시 28동의 건물이 있었다. 1941년부터 42년까지는 죄수들의 노동력을 이용하여 1층짜리 건물은 모두 2층짜리로 증축되고 새로이 8동의 건물이 신축되었다.

1942년에는 한때 28,000명의 죄수가 동시에 수용되기도 했지만 평균 수용자 수는 13,000~16,000명이었다고 한다. 죄수의 수가 늘어남에 따라 수용소 지역도 확대되어 갔다. 그리하여 수용소는 거대한 절멸(絕滅) 공장으로 변해 갔다. 제2 수용소는 1941년에 3킬로미터 떨어진 브제진카(Brzezinka)에 건설되었고 이어 제3 수용소가 1942년에 모노비체(Monowice)에 건설되었다. 1944년에는 제3 수용소의 관리하에 40개의 미니 수용소가 증설되면서 감금된 사람들의 노동력을 이용할 공장, 철공소, 탄광도 부근에 지어졌다 한다.

그런데 오슈비엥침에 있는 제1 수용소와 브제진카에 있는 제2 수용소는 현재 특별히 보존되어 외부 사람들의 견학이 가능했다. 전쟁 이후 그대로 보존되고 있는 오슈비엥침 수용소의 〈죽음의 블록〉, 제1 소각로(燒却爐), 그리고 브제진카 수용소에 있는 4개의 소각로와 가스실의 흔적, 철도 인입선(引入線), 죄수 블록

의 자취, 감시탑, 전기가 통했던 철조망, 출입문 등은 나치 범죄의 지울 수 없는
증거로 남겨 놓고 있었다.

잔학 행위의 증거와 유품

우리는 수용소의 모든 시설과 증거물을 모두 볼 수는 없어서 가이드의 인솔에
따라 몇 가지만을 골라 보기로 했다. 우리는 먼저 제4 블록 건물로 들어가 1층
1호실부터 보기 시작했다. 이 방에는 수용되었다가 처형된 사람들에 대한 명단
이나 기록들이 전시되어 있었다.

여기에 수용된 사람들은 감금되어 굶주림과 중노동, 의학 실험과 사형 집행
등의 수단으로 학살되어 갔다. 그렇게 1942년부터 이 수용소는 유럽의 가장 큰
유태인 학살 장소가 되었다. 사형선고를 받은 유태인 대부분은 여기에 오면 바
로 가스실로 보내져, 파일에 등록되지 않고 살해되어 갔다. 그 때문에 현재 수
용소에서 살해된 사람의 수를 확인하는 것은 불가능하다. 그러나 수용소 문제
를 오랫동안 연구해 온 학자들의 발표에 의하면, 지금 존재하고 있는 불완전한
자료를 통해서만 보아도 약 150만명 이상이 이곳 수용소에서 살해되었음을 알
수 있다고 한다.

2층 제2호실

독일 제3 제국은 여러 가지 종교, 정치사상가, 포로와 일반시민, 강제 퇴거시
킨 도시나 시골의 주민, 우연히 검문에 걸려든 사람들, 그리고 절멸시키기로 예

정했던 사람들을 아우슈비츠 수용소로 넘겼다고 한다.

1942년 1월에 벌써 유태인들에 대한 대량 학살이 시작되었다는 것이다. 최초의 사형선고를 받은 유태인이 시레지아 지구와 총독관구(폴란드)에서 호송되어 왔다. 또 봄이 되자 슬로바키아, 프랑스, 벨기에, 네덜란드의 유태인들도 대량으로 호송되었다. 그리고 가을부터는 독일, 노르웨이, 북부 폴란드와 리투아니아, 그리고 다른 점령된 나라들로부터도 유태인들이 연행되어 왔다.

나치 독일이 소련을 공격한 지 얼마 후에 아우슈비츠에는 소련군의 포로들도 실려 왔고, 수용소에는 약 12,000명의 포로가 송치되었다. 그 후 약 5개월 동안 그들 중 8,320명이 목숨을 빼앗겼다. 어떤 사람은 독살되고 어떤 사람은 총살되고 나머지는 쇠약해져서 죽어갔다. 그런 범죄의 증거가 된 것 중 하나가 기괴한 사망자 명단이다. 명단은 박물관에 보관되어 있고 몇 쪽의 복사판이 지금도 그 방에 전시되어 있었다.

특히 주목할 것은 5~10분간에 죽어간 포로의 죽음에 대해서 거짓 원인들을 써넣은 명단이다. 또한 아우슈비츠 수용소는 약 21,000명의 집시를 학살한 장소이기도 했다. 그 증거 중 하나가 한 죄수가 훔쳐 숨겨 놓았던 집시 수용소의 죄수 명단이었다. 그 명단의 복사물도 그 방에 전시되어 있었다.

제3호실

아우슈비츠 수용소로 수용된 사람들의 대부분은 자기들이 단순히 동유럽으로 이주되는 것으로 믿고 있었다. 특히 그리스와 헝가리에서 온 유태인들은 나치에게 속아 존재하지도 않는 농장, 토지, 상점 따위를 사들였다. 그래서 수용소에 도착한 사람들은 자신의 재산 중에 가장 값진 것들을 많이 지참하고 있었다.

이 사람들을 싣고 온 열차는 오슈비엥침의 화물역, 그리고 1944년부터는 브계진카에 특별히 설치된 철도 인입선 하적장(下積場)에 도착하게 되었다. 여기에서 나치 친위대 장교와 친위대 의사들로부터 선별 검사를 받았다. 노동을 할 수 있는 사람은 수용소에 들어가게 하고 일을 할 수 없을 것으로 판단되는 사람들은 가스실로 보내졌다. 루돌프 헤스 수용소장의 증언에 의하면 운반되어 온 사람의 70~75퍼센트가 가스실로 보내졌다고 한다.

유태인을 학살할 때 친위대에 의해서 촬영되어 지금까지 남아 있는 약 200매의 사진 중 수십 매의 다큐멘터리 사진이 아직도 그 방에 전시되어 있다.

제4호실

제2 소각로 가스실의 모형을 보니 지하 탈의장으로 들어가는 사람들이 보였다. 샤워를 하게 될 것이라고 친위대가 속였기 때문에 모두가 태연한 태도를 보였던 것이다. 그들은 양복이 벗겨진 채 샤워장으로 가장된 지하의 방까지 걸어 갔다. 천장에는 물이 나온 적이 없는 샤워 장치가 가설되어 있을 뿐이었다.

나치는 210제곱미터(약 636평)의 방에 약 2,000명을 밀어 넣었다. 문을 닫고서 친위대 위생병들이 천장의 구멍으로 〈치클론 B〉를 투입했다. 그 방안에 있던 사람들은 15~20분 사이에 질식해서 죽었다. 그런 다음 사체에서 금이빨을 뽑아내고 머리털을 깎아내고는 사체를 1층에 있는 소각로로 보냈는데 사체가 너

가스실 소각로 전경

무 많을 때는 쌓아 올려 놓기 위해서 밖으로 운반했다. 제4호실 벽에는 어떤 죄수가 1944년에 남몰래 찍어놓은 사진이 전시되어 있었다. 그 사진은 가스실로 가는 여인들과 쌓아올린 사체들을 태우는 장면이었다.

1942년부터 1943년 사이에 아우슈비츠에서만 2만 킬로그램의 〈치클론 B〉가 사용되었다. 헤스의 증언에 의하면 약 1,500명을 죽이는데 6~7킬로그램의 독가스가 필요했다고 한다.

제5호실

아우슈비츠 수용소가 해방되었을 때 소련군은 창고에서 부대에 넣어 둔 약 7톤의 머리털을 발견했다. 그것은 원래 수용소 관리국이 독일 본국에 있는 공장에 보내 돈을 벌려고 모아 두었던 것이다. 전문가가 한 머리털 검사에 의하면 그 속에서 치클론 화합물에 독성을 가져오는 시안이 발견되었다고 한다. 그리고 그 머리털을 사용해서 독일은 매트리스와 양복지 등을 만들었다고 한다. 또한 살해된 사람들의 사체에서 뽑은 금이빨은 금막대 형태로 만들어져 독일 중앙위생국으로 보내졌다. 사람의 사체를 태운 재는 비료로 사용되기도 하고 가까운 하천에 버려지기도 했다.

제6호실

수용소로 들어온 사람들이 지참했던 물건들은 분류되어 나치 친위대나 국방군, 그리고 일반시민들이 이용하기 위해서 창고로부터 독일 본국으로 운반되었다. 물론 독살된 사람들의 물건들도 수용소의 친위대가 이용하고 있었다. 빼앗은 물건들을 실은 열차가 계속해서 독일 본국으로 향했음에도 불구하고 창고는 항시 가득 차고 분별할 수 없는 물건들로 산더미를 이루고 있었다. 소련군이 접근해 옴에 따라 창고에서 값나가는 품목들의 반출이 빨라졌다. 해방되기 전에 범죄의 흔적을 없애려는 목적으로 친위대는 창고에 불을 질렀다. 창고 35개의 블록 중 6개만 남았는데 그곳에서 몇 만 켤레의 구두, 브러시, 양복, 안경 따위가 발견되었다.

▲ 수용소에 보내진 사람들의 드렁크들

제5블록

이 블록에는 해방 후에 발견된 피해자들의 소지품이 전시되어 있었다. 브러시, 허리띠, 소유자의 이름과 주소가 적혀 있는 트렁크, 볼, 신체장애자의 의수(義手)와 의족(義足) 따위가 있었다.

제1호실

아우슈비츠 강제 수용소에 보내진 사람들의 일부는 선별없이 수용소에 보내졌다. 대부분은 굶주림, 사형 집행, 중노동, 고문, 비위생 등의 이유로 죽어갔다. 선별할 때 노동을 할만하다고 판단되어 수용소에 보내진 유태인도 있었다.

유태인들은 수용소에 들어오면 수용소 관리국장으로부터 "너희들은 출구가 하나밖에 없다. 소각로의 굴뚝이다."라는 말을 들었다. 새로 도착한 사람들은 양복과 다른 물건들을 모두 압수당하고 머리가 깎이고, 소독을 받고서야 죄수 번호가 붙여지고 등록되었다. 모든 사람들은 세 가지 자세로 사진을 찍었는데 1943년부터는 사진 대신 왼쪽 팔뚝에 문신을 새겼다. 수인 번호를 문신으로 새긴 것은 아우슈비츠 수용소뿐이었다. 사람들은 체포 내용과 수용소에 연행된 이유에 따라서 색깔이 다른 삼각형의 천 조각으로 식별되었다. 그것은 수인 번호와 함께 옷에 달아야만 했다. 갇힌 사람들 대부분은 정치범임을 나타내는 붉은 천을 붙이고 있었다.

제2호실

아우슈비츠 수용소의 파일에는 남녀 합해서 40만 명의 유태인에 관한 데이터가 있다. 그중에서 아우슈비츠나 다른 수용소에 이송된 후 또는 철수할 때 약 34만 명이 목숨을 잃었다. 수용된 사람들에게 가장 괴로운 것은 수를 확인하기 위한 점호였다. 점호를 받을 때는 몇 시간 또는 10여 시간이 이어지기도 했다. 수용소 당국은 증벌을 위한 점호도 자주 했다. 그럴 때면 사람들은 다리를 구부린 채로, 또는 몇 시간 동안 손을 든 채 그 점호를 받아야 했다.

제3호실

사형 집행과 가스실에 이어서 사람들에 대한 효과적인 학살 방법은 노동이었다. 사람들은 여러 가지 분야의 일을 하도록 되어 있었다. 처음에는 수용소의 증축 작업이었는데 차츰 사람들의 노동력을 독일 제3 제국의 산업에 이용하기 시작했다. 작업은 언제나 휴식 없이 이루어졌다. 빠른 작업 템포, 식량 부족, 그리고 엄한 고문이 사망률을 높였다. 노동반이 수용소에 돌아올 때, 손수레에는 사람들의 사체가 실려 있고, 또한 삽으로 두들겨 맞은 부상자들도 그 속에 섞여 있었다.

특히 중노동은 땅 고르는 기계를 다루는 작업이었는데 그 기계의 모형이 이곳에 전시되어 있다.

제4호실

수용된 사람들의 하루 식사량은 1,300~1700칼로리에 지나지 않았다. 아침 식사라고 나오는 500cc의 커피로 불리는 액체, 점심으로는 거의 물과 같은 1리터의 썩은 야채로 만든 수프밖에 얻을 수 없었다. 저녁 식사는 300~350그램의 흑빵, 3그램의 마가린과 약초로 만든 음료였다. 중노동과 굶주림으로 몸은 완전히 쇠약해졌다. 죄수들은 영양실조로 끝내 죽음을 맞을 수밖에 없었다. 이 방에 전시되어 있는 사진은 해방 후에 찍은 23~25킬로그램 정도밖에 안보이는 쇠약해진 여성의 사진이었다.

제5호실

현재로서는 수용소에서 매일 일어났던 비참한 장면을 상상할 수가 없다. 갇힌 사람들 중에 있던 화가들은 당시의 분위기를 작품으로 나타내려 했다. 그러한 작품들은 그들이 남긴 증언이다. 수용소 내의 생활이 생생하게 나타나 있다. 박물관에는 그들이 그린 많은 그림들이 보관되어 있었다.

제6호실

수용소에서 가장 끔찍한 운명에 놓였던 것은 임산부와 어린이들이었다. 그들이 가장 먼저 가스실로 보내졌다. 그 후에는 어린이들만이 수용되는 경우도 있었는데 그것은 주로 유태인과 집시, 그리고 폴란드인과 러시아 어린이들이었다.

그러나 어린이들도 어른들과 똑같이 수용소의 규칙에 복종하지 않으면 안 되었다. 또한 그들도 어른들과 똑같이 정치범으로 파일에 기록되었다. 어떤 어린이(이를테면 쌍둥이)들은 범죄적인 의학 실험의 재료가 되었고 다른 어린이들은 중노동으로 시달렸다. 나치 친위대의 의사가 어린이들을 선별하여 심장에 페놀 주사를 놓아 살해한 경우도 있었다.

수용소에 연행되어 정치범으로 등록된 어린이들, 그리고 소련군에 의해 석방된 어린이들의 사진이 전시되어 있었다.

제7블록 제7호실

오슈비엥침 일대의 습도가 높은 기후, 열악한 주거 환경, 굶주림, 방한복 구실도 못하고 쉽게 세탁도 할 수 없는 옷, 거기에 쥐와 각종 벌레들, 이러한 요인들은 전염병의 원인이 되었고 많은 죄수들의 죽음을 가져왔다.

수용소 내의 병원은 언제나 만원이었기에 치료를 받으러 갔던 사람들은 치료를 받지 못하고 돌아갈 수밖에 없었다. 나치 친위대 의사들은 그것을 해결하기 위해서 병원 내에서 정기적으로 진짜 병자와 병에서 회복 중인 환자들을 선별했다. 똑같이 다른 블록의 죄수들 사이에서도 선별이 이루어졌으며 쇠약해진 사람이나 회복할 가능성이 없는 사람들은 가스실에 보내거나 병원에서 심장에 페놀 주사를 맞고 죽음을 당했다. 그래서 죄수들은 병원을 〈소각로의 현관〉이라고 말하기도 했다.

다른 병원에서와 마찬가지로 아우슈비츠 수용소에서도 나치 친위대 소속 의사들은 사람들을 범죄적인 의학 실험의 재료로 사용하고 있었다. 이를테면 제1

블록에서는 칼 구라우베르크 교수와 호르스트 슈만 박사가 슬라브 민족의 생물
학적인 절멸 방법 연구를 위해 남녀의 단종(斷種) 실험을 하고 있었다. 요셉 맨
게레 박사는 쌍둥이나 신체장애자를 이용해서 유전학이나 인류학 실험을 하고
있었다. 아우슈비츠 수용소에서는 이 밖에도 새로운 약의 투여 실험 등, 여러 가
지 실험이 이루어졌다. 갇힌 사람들의 피부에 유해 물질을 발라보기도 하고 피
부 이식을 하기도 했다. 실험 중에 죽은 사람은 수백 명에 이르고 살아 남은 사
람들에게도 여러 가지 장애가 남았다. 이상과 같이 제2차 세계대전 중 나치 독
일이 아우슈비츠 수용소에서 행한 잔학한 행위는 우리의 상상을 초월하는 것이
어서 조금 자세하게 서술했다.

체코가 재미있는
나라라고 생각되어
동유럽국가 중에서
가장 관심이 많았다.

프라하로 가는 길

아우슈비츠의 잔학상으로 무겁게 가라앉은 마음을 추스르며 우리는 10:30에 수용소에서 나와 프라하를 향해서 길을 떠났다. 도로변에는 광고 간판이 심심치 않게 늘어서 있었다. 우리가 탄 차는 한 시간도 채 안되어 체코 국경에 이르렀다. 실개천 하나를 사이에 두고 체코 검문소가 보였다. 운전기사의 신분증 제시만으로 국경을 통과했다.

그날은 일요일이라 통행하는 차가 적은 편이라 했다. 그러나 휴가 때는 제법 붐비는 편이어서 경찰의 단속이 빈번하다고 한다. 흔히 속도위반으로 걸리는데 40~70유로면 해결된다고 한다. 체코에 들어와 한 30분 가량 달리다가 도로 가까운 한 호텔 식당에서 야채 수프, 돼지고기 요리로 점심을 먹고 후식으로 케이크를 먹었다.

차창으로 내다 본 체코의 거리 풍경은 오랫동안 풍요로운 자본주의 사회에 젖

어온 다른 서구의 도시와 별로 차이가 없는 것 같았다. 중세풍의 맵시 좋은 건물들이 즐비하고 최신형 고층 아파트도 들어서 있었다.

차가 프라하의 도심에 가까이 다가가자 고풍스러운 건물들이 줄지어 나타났다. 프라하에는 9개의 언덕이 있으며 뾰족뾰족한 건물들이 많아서 〈백탑(百塔)의 도시〉라고도 일컫는데 제2차 세계대전 때 히틀러가 폭격 금지령을 내려서 많은 유서 깊은 건물들이 그대로 보존될 수 있었다 한다.

사실 나는 평소에 체코란 나라가 재미있는 나라라고 생각되어 동유럽 국가 중에서 가장 관심이 많았다. 땅덩어리가 그렇게 넓은 것도 아니고 인구가 그리 많은 것도 아니며, 역사가 그렇게 긴 것도 아니지만 한때는 세계 선진 공업국 중하나로 평가되었고 지금은 그 국토의 아름다운 풍광과 풍부한 역사적 유물로 엄청난 관광객들을 끌어들이고 있지 않은가? 연간 1억 명의 관광객들이 모여든다니 하는 말이다.

그럼 체코란 도대체 어떤 나라인가?
체코 공화국은 세계에서도 아주 젊은 나라이다. 1993년 1월 1일에 탄생했으니 아직 20세도 안 된 미성년이다. 체코는 보헤미아, 모라비아, 슬레스코 등 세 지역으로 나눌 수 있는데 면적은 77,800제곱미터에 불과하다. 이들 세 개의 지방이 오랜역사를 지닌 체코란 나라를 지탱해 왔다. 체코를 흐르는 하천은 북해나 흑해, 발트해로 흘러 들어간다. 국토의 3분의 1은 산림으로 덮여 있다.
체코 최초의 국가인 프르셰미슬 왕국이 출현한 것은 9~10세기 무렵이다. 프르셰미슬 가문의 왕 오타카르 2세 시대(1251~1278) 때 이 나라는 유럽에서 큰 나라였다고 한다. 그리하여 룩셈부르크 가문의 체코 왕인 카를 4세의 시대에는 프라하가 신성로마제국의 수도가 되었다. 이윽고 15세기에 들어가자 여러 가지 사건들이 발생한다. 이를테면 얀 후스라고 하는 종교 개혁자가 화형에 처해진 후 후스전쟁이 일어났고, 그로 말미암아 체코의 경제적 지위는 저하되어 갔다. 1526년에는 합스부르크 가문이 체코의 왕위를 계승하게 된다. 그 후 1620년에 빌라호라의 전쟁이 일어나고 30년전쟁 종결 후 체코는 다시 독일에 편입되었다.

18세기 말경에는 체코의 독립과 체코어 존중의 기운이 높아졌다. 제1차 세계대전 후인 1918년에 슬로바키아와 통합해서 체코슬로바키아 공화국이 탄생했다. 그로부터 여러 가지 국제분쟁이 일어났다. 이를테면 1938년의 뮌헨의 할양, 파시스트 독일에 의한 점령, 그리고 제2차 세계대전, 1945년 이후에는 소련의 지배하에 놓인다. 1968년의 프라하의 봄 직후, 바르샤바조약기구 공산 제국의 군대가 체코슬로바키아로 진입하여 민주적인 개혁 운동이 종지부를 찍는다. 그 후 1989년 11월에 동유럽과 소련에서 민주적인 개혁 운동이 승리를 거두었다.

제1차 세계대전과 제2차 세계대전 동안 체코슬로바키아는 세계의 선진국이었다. 그러나 50년 동안에 가내공업 대신 중공업 쪽으로 세계 산업의 중심이 옮겨져 체코는 옛 시장을 잃고 산업과 경제가 축소되어 갔다. 오늘날 체코의 주된 산업은 기계공업, 가공업, 화학공업이다. 경공업으로는 섬유공업, 피혁제품이나 신발의 제조 가공업 등이 있다.

전통적인 산업으로 유명한 것에는 유리, 도기의 제조가 있고, 목재 가공업으로는 악기, 연필, 성냥이 생산되고 있다. 또 체코는 유럽의 중심에 있어 교통의 중요한 요충이 되어 왔다. 서유럽과 비교해 봐도 철도와 도로가 옛부터 잘 갖추어져 있다. 현재는 관광업이 무서운 속도로 발전하고 있다. 체코에는 흥미진진한 역사적인 땅,

온천, 그리고 자연이 있다. 유네스코의 세계문화유산에 10개소나 등록되어 있는데
이것은 세계 7위에 해당하는 것이다.

▲ 프라하 시내

프라하의 야경

　체코의 수도 프라하는 어떤 도시일까? 현재 120만의 인구를 지닌 체코 공화국의 수도인 프라하는 이미 9세기에 프르셰미슬 가문의 보리오이 왕이 들어왔다는 기록이 남아 있다. 이 왕은 그때까지 살고 있었던 레비호라데스로부터 블타바 강변에 있는 바위산으로 가족과 함께 이주해 온 것이다. 그 다음에 성곽이 세워지면서 그곳이 체코라는 국가의 상징이 되었다. 옛날부터 그 부근에는 사람들이 많이 모여들었고 중세에는 커다란 교역의 도시가 되었다. 이렇게 중세로부터 형성되어 온 블타바강의 양안에서 점점 발전해서 현재에는 그 시역은 500제곱킬로미터로 크게 확대되었다. 유네스코의 평가에 의하면 프라하에서 가장 역사적인 지역은 역시 도시의 중심부라고 한다. 이 중심부 때문에 프라하가 세계적으로 가장 유명한 관광지가 되었다는 것이다. 바로 이 중심부, 다시 말하면 흐라드차니, 말라스트라나, 구 시가, 신 시가 등 네 개의 지역을 말한다.

프라하 성을 중심으로 흐라드차니의 시가가 형성된 것은 14세기 때라고 했다. 이 왕성 가까이에 커다란 궁전이 세워졌는데, 현재 이 건조물은 외국 대사관과 체코의 관청들이 들어서 있었다. 또한 이 궁성 안에는 꼭 봐야 할 두 개의 귀중한 건축물들이 있다는데, 하나는 스트라호프 수도원이고 또 하나는 바로크 양식의 로레타 교회라고 했다.

그런데 우리 일행이 흐라드차니의 카를교 부근에 이르렀을 때는 벌써 주변에 어둠이 깔리고 가로등에 불이 들어와 있을 무렵이었다. 어차피 프라하 왕성 방문은 내일 아침으로 예정되어 있었으므로 애써 무리할 필요 없이 우선 카를교에서 왕성(王城)의 야경을 구경하는 것으로 만족하기로 했다.

카를교는 시가의 우측과 좌측을 잇고 있는 다리이다. 이 다리는 14세기~15

카를교 앞에 있는
카를 4세의 동상

세기 초에 걸쳐서 카를 4세에 의해 고딕 양식의 아름다운 다리로 건조되었다고 한다. 길이는 약 515미터고 폭은 9.5미터이며 좌우의 난간에는 각각 15개의 성인상(聖人像)이 세워져 있다. 그런데 어두워서 성인상의 설명을 읽을 수 없고 그 모양도 자세히 살필 수 없어서 안타까웠다.

다리의 입구 부분에는 두 개의 탑이 있었다. 구 시가탑(市街塔)과 소지구탑(小地區塔)이라 부른다. 구 시가탑은 고딕 양식의 탑으로서는 가장 아름다운 탑이라 한다. 우리는 우선 다리 위로 올라가기 전에 그 다리와 좀 떨어진 곳에서 프라하의 야경을 감상하기로 했다. 왜냐하면 아름다운 프라하 성의 전체 모습이 또 하나의 독특한 아름다움을 지닌 카를교와 함께 어우러져 그 아래를 흐르는 블타바 강물에 한꺼번에 반사되는 모습이야말로 천하 절경이라 하는데 그것을 보아 두자는 것이었다. 그러나 아무리 천하 절경이라 하더라도 그것은 잠시 동안의 구경거리일 뿐이다. 우리가 만약 유람선을 타고 어느 정도의 시간적 여유

를 가지고 프라하의 야경을 이동하면서 이모저모 탐색했더라면 좀더 환상적인 장면을 감상할 수 있었을 터인데 그렇지 못한 것이 안타까웠다. 부족한 것은 내일 낮에 더 보충하기로 하고 호텔로 돌아갈 수밖에 없었다.

프라하 중심지의 관광

3월 30일 9시, 우리는 어젯밤 먼 발치로 바라보았던 프라하 성을 가까이에서 살펴보기 위해서 호텔을 나섰다. 차가 중심가로 들어갔는데 주요 도로의 중간에 깃발처럼 매달린 길쭉한 광고물들이 상당히 긴 거리에 줄지어 서 있는 것이 눈에 띄었다. 영어로 〈SAMSUNG〉이라고 쓰여 있었다. 이것이 한두 개도 아니고 수십 개가 나란히 늘어서 있으니 누구나 무심히 지나칠 수는 없을 것이다. 과연 세계적이구나, 하고 마음속으로 손뼉을 쳤다.

그런데 우리 차가 대통령 관저로 들어가는 한 모퉁이에서 제복을 입은 젊은 사람들에 의해서 제지를 당했다. 앞으로 있을 오바마 미 대통령의 방문을 앞두고 예비 점검에 걸려 대통령 관저에는 일체 출입이 허용되지 않는다는 것이었다.

▲ 천문시계

여러 곳에서 모여든 관광차들로 그 일대는 큰 혼란에 빠졌다. 한 20분 옥신각신 끝에 우리 차는 프라하 성으로의 입성을 포기하고 대신 언덕길을 거슬러 올라가 프라하 성을 내려다 볼 수 있는 높직한 곳에서 정차했다. 모든 사람들이 차에서 내려서 프라하 성에 초점을 두고 셔터를 마구 누르고 있었다. 우리도 기념 삼아 프라하 성 안에 있는 비트 성당을 먼 배경으로 몇 컷을 찍었다.

우리는 다시 언덕을 내려와 어젯밤에 밟았던 카를교 위를 다시 한 번 왕복하면서 양쪽에 서 있는 조각상들을 점검했다. 역시 어둠 속에서 본 야경은 뭔가 신비로움이 느껴졌는데 대낮에 보니 별로 특별한 관심을 이끄는 것은 아니었다.

우리는 프라하의 역사적 중심지인 구 시가 지구의 광장으로 내려 갔다. 여기에서는 고딕 양식의 구 시가 청사와 천문시계(天文時計)가 눈을 끌었다. 이 천문시계는 장장 500년 동안이나 그 안에 장치해 놓은 인형이 시각을 알려 줬다 한다. 이 광장에 모인 군중들은 정시가 되어 그 천문시계가 작동할 때가 되면 우르르 시계탑 밑으로 몰려들어 그 신통한 기계의 작동에 탄성을 보냈다.

시계탑에서 광장을 건너 맞은편에는 두 개의 회색빛 고딕 양식의 첨탑(尖塔) 이 높직이 솟아 있었다. 그것이 유서깊은 틴 성당인데 그 안에는 천문학자 브라 헤의 유해가 안치되어 있다고 한다. 그 성당 바로 앞쪽에 그다지 크지 않은 4층 짜리 건물이 있는데 그것이 체코에서 가장 오랜 역사를 지닌 카를 대학이었다. 또 이 광장의 시계탑에서 가까운 한 건물의 2층에는 유명한 프라하의 소설가 카 프카의 애인이 경영했다는 카페(Grand Cafe Praha)가 있었다. 그러나 지금 도 영업을 하고 있는지 직접 올라가서 확인해 보지는 못했다.

이 밖에도 광장 언저리에는 성 십자가 성당, 국민극장의 돔, 구 시청사의 탑, 화약고의 탑 등이 자리 잡고 있었다. 그리고 갖가지 물건을 파는 천막 상점들도 즐비했다. 여러 색과 모양의 먹을거리, 액세서리, 목각, 사진, 그림 등이 빽빽이 진열되어 있다. 해바라 기 그림 한 점을 사려고 흥정했는데 너무 비싸 서 포기했다. 그리고 유 로화 사용이 일반화되 지 않아 쇼핑을 마음대 로 할 수 없었다.

우리는 다른 거리도 보기 위해서 중심가를 좀 벗어나서 걸어 보았

▲ 틴 성당

다. 돌을 박아 포장한 길이 많아서 발바닥이 아팠다. 프랑스 대사관 앞이라는데 기다란 담에 온통 낙서와 그림이 빼곡이 차 있다. 무질서하게 갈겨 놓은 무더기 작품들인데 난잡하다는 느낌보다는 왠지 질서가 있고 균형이 있는 작품처럼 인상에 남는다.

프라하에는 파리 시가의 근대화를 추진한 오스만 남작과 같은 행정가나 위대한 도시 계획가도 없었던 탓인지, 소위 중심가라고 하는 구 시가의 거리도 좁고 불규칙해서 교통 사정이 좋지 않았다. 그러나 근년에 이르러 도로 건설도 진행되고 있고 지하철도 재정비되고 있어서 세계 일류의 관광도시로서의 면목을 찾아 가고 있었다.

비셰흐라드 성

　프라하 성 관광이 이루어지지 못해서 우리 가이드는 못내 미안한 감을 없애지 못하는 듯 했다. 너무 개의치 말라고 했음에도 그는 아쉬움을 보상하기 위해서 비셰흐라드 고성(古城)을 안내하겠다고 나섰다.

　이 성은 10세기 말엽에 프르셰미슬 가문이 블타바강의 오른쪽 연안에 건설했던 체코 최초의 성인데 원래는 로마네스크 양식의 성이었으나 나중에 바로크 양식의 성으로 개조되었다 한다.

　그곳부터 프라하 성까지 이르는 길을 왕도(王道)라고 불렀는데 언제나 새로운 왕이 등극하면 의장대(儀仗隊)를 이끌고 이 길을 걸어갔다는 것이다. 또 이 성 안에는 슬라빈이라는 이름의 국립묘지도 있었다. 그 묘지를 돌아보다가 뜻하지 않게 체코의 유명한 음악가 드보르자크의 초상화가 그려진 묘비를 발견하고 아주 반가웠다.

바이덴으로 가는 길

3월 30일 15:30, 우리는 독일 바이덴을 향하여 프라하를 떠났다. 큰 도시의 교외라 취락의 규모도 크고 길가도 비교적 깨끗하게 정리되어 있었다. 변두리 지역을 벗어나자 완만한 구릉지대가 이어지면서 경작지의 개간도 잘 되어 있었고 밭에는 새싹이 파릇한 작물들이 자라고 있었다.

18:10에 우리를 태운 버스는 국경을 넘어 독일땅으로 진입했다. 독일에서는 한낮에도 차들이 라이트를 켜고 다닌다. 그렇게 보아서 그런지 역시 독일의 시골 집들은 체코의 집보다 큼직하게 보였다. 이렇게 여유로운 시골 풍경을 바라보고 있는 사이에 차는 어느덧 독일의 한 전형적인 시골 도시 바이덴에 도착했다. 프라하 성 안내를 못하게 된 것이 못내 아쉬웠던지, 가이드가 독일 맥주를 한 잔 사겠다고 하여 우리는 맥주집으로 들어갔다. 그 집에는 능숙한 솜씨로 서빙을 하는 쌍둥이 같은 자매가 있었다. 전형적인 독일 미인이었다.

중세의 도시 로텐부르크

바이덴의 Gasthof Post Hotel에서 하룻밤을 보낸 우리는 3월 31일 아침 마지막 관광지인 로텐부르크를 향해 출발하였다. 한 시간 반쯤 달렸을까, 우리가 지나 온 큰 도로에서 오른쪽으로 들어가는 진입로가 보였고 그 끝에는 흙과 돌담으로 쌓은 두툼한 성벽이 외부로부터의 무단 진입을 막고 있었다. 그 성벽 안으로는 바깥 세상하고는 사뭇 다른 분위기의 소도시, 중세의 모습을 그대로 간직한, 마치 동화의 나라를 연상케 하는 작은 도시가 자리하고 있었다. 그곳이 바로 이색적인 도시 로텐부르크였다. 들기로는 제2차 세계대전 중 대대적인 폭격을 받아 도시의 약 40퍼센트 정도가 파괴되었다고 하는데 겉으로 보기에는 멀쩡해서 거의 전화를 입은 것 같지 않았다. 전후에 독일 본국은 물론이고 미국이나 UNESCO에서 세계문화유산 보호 운동의 일환으로 이 도시를 옛 모습으로 복원시키기 위하여 대대적인 재정 지원을 아끼지 않았기 때문일 것이다.

우리는 일단 성벽의 초입에서 차를 버리고 걷기 시작했다. 갑자기 동화의 나라에 끌려 들어온 것처럼 이색적인 주변 경관을 두리번거리면서 발을 옮겼다. 구불구불 이어지는 자갈길과 재미있게 목재를 교차해서 디자인한 벽면과 기하학적인 모양의 창틀로 꾸며진 건물들, 그리고 높직이 투박하게 쌓아올린 성벽들이 어우러져 만들어 낸 환상적인 공간은 우리로 하여금 타임머신을 타고 역사를 거슬러 올라온 듯한 착각을 갖게 했다.

우리는 기상천외의 착상으로 만든 길가의 간판이나 정교한 액세서리에 자꾸 눈을 빼앗기면서 한참을 걸어서 이 도시의 중심지이고 시청사가 있는 마르크트 광장으로 올라갔다. 이 광장은 로텐부르크의 중심지 구실을 했던 옛날과 다름없이, 지금도 활기찬 도시의 중심지 노릇을 하고 있다 한다. 사람들은 이곳에서 정기적으로 열리는 청과물 장터에서 쇼핑도 하고 반가운 사람들과 만나서 정담도 나누고, 아는 사람들끼리 모여 시내 관광을 하기도 한다. 또한 이 광장에서 개최되는 여러 가지 역사적 축제를 구경하기도 하고 직접 참여하기도 한다.

이 시청 앞 광장에서 재미있는 구경거리는 시의회 연회관 건물에 설치되어 있는 장식 시계인데, 그 시계의 좌우 양쪽에 달린 창에는 각각 인형이 하나씩 들어 있었다. 하루 두 번씩 일정한 시간이 되면 이 두 인형들은 서로 술 마시는 시합을 벌인다는 것이다. 전설에 의하면 옛날 30년전쟁이 벌어지고 있던 1631년에 로텐부르크의 시장이, 쳐들어온 황제 측의 틸리 장군에게 수비군을 전멸시켜 버리겠다는 선포를 받고, 장군을 만나 한 가지 제의를 했다고 한다. 즉 싸움 대신에 누가 술을 더 많이, 빨리 마시는가 내기를 하여 승부를 결정하자는 것이었

다. 그래서 시장이 3리터의 와인을 단숨에 마셔 버려 도
시의 파괴를 막을 수 있었다는 것이다.

▲ 시의회 연회관 건물의 마이스터트룽크 시계

로텐부르크의 내력

　오늘날 지구상의 모든 나라들이 빈번한 접촉으로 하나의 지구촌으로 되어가는 추세에 있는데, 로텐부르크가 제아무리 담을 쌓고 외부와의 접촉을 차단한다 하더라도 어떻게 인근 사회와의 동화를 피하여 중세의 모습을 간직할 수 있었을까 하는 의문이 생긴다.

　문헌에 의하면 970년 경에 동 프랑켄 지방의 한 호족이 가까운 마을에 하나의 교구를 설치하고 로텐부르크 서쪽 끝 높은 곳에 성을 건설했다는 기록이 있다. 그리고 1110년에 독일의 황제 하인리히 5세가 조카 콘라트에게 로텐부르크를 봉토(封土)로 수여한 바 있다. 1272년에는 로텐부르크가 도시권을 획득, 최초의 방어용 벽의 건설이 개시되고 성벽도 더 확장되었다고 한다. 1250년에 고딕 양식의 시청사가 착공되고 1274년에는 로텐부르크가 제국의 자유도시(自由都市)로 승격되었다.

1400년을 전후하여 로텐부르크는 크게 번영하였으나 1408년 뉘른베르크 성주와의 세력 다툼으로 약간 타격을 받기도 하였다. 1618년의 30년전쟁 당시에는 이 도시가 전비와 군대의 수용 및 겨울철 숙영지(宿營地)의 부담을 지게 되어 피해가 많았다. 1631년에는 스웨덴왕 구스다브 2세와의 공방전이 있었다.

1631년 황제구의 새 사령관이 로텐부르크를 점거했다. 그러나 1645년에 이르러 스웨덴과 프랑스 간에 10년간의 전쟁이 승패 없이 끝났으나 시는 프랑스군의 전화 밑에서 벗어나지 못했다. 웨스화렌 강화 후 군인들은 철수했으나 도시는 전화와 질병으로 인구가 반감되었다. 이후 제국으로부터의 원조가 없어지면서 정치적인 중요성도 떨어지게 되어 시 자체로서는 조용한 시기가 계속되었다.

1652년부터 독립권을 누려오던 로텐부르크는 1802년에 바이에른 왕국의 관할하에 들어갔다. 19세기에 이르러 이 도시가 아직도 중세 독일의 모습을 간직하고 있다는 점에서 관광업에 중점을 둔 계획이 서서히 무르익어 갔다.

1945년의 제2차 세계대전 말에는 미국의 어떤 특이한 원수(元帥)의 단호한 제안에 의해 큰 전화를 최소한으로 줄일 수 있게 되었다 한다. 전후에 도시의 재흥이 도모되었을 때, 국내뿐 아니라 국외에서의 관심과 거액의 기부에 의해서 역사 깊은 문화재들의 복구 작업이 가능했다고 한다.

로텐부르크, 성 야콥 교회

　이 도시의 주 교회, 성 야콥 교회는 엄숙한 건물의 외관상 최성기의 고딕 건축 양식 그대로였다. 교회의 두 개의 탑은 이 도시의 일반적인 지붕 선에 비해서 하늘 높이 우뚝 솟아 있었다. 탑 상부의 투명 첨탑(尖塔)을 비롯해서 상하로 좁고 긴 창문이나 장식 지주(支柱)는 고딕의 전형이며 하느님이 계시는 천상을 가리키고 있었다. 이들 투명 첨탑을 자세히 보면 그것을 만든 방법이 차이가 있다는 것을 알 수 있었다. 전설에 의하면, 남쪽 탑은 스승 마이스타 자신의 손으로 만든 것이며, 더 말쑥하게 만든 북쪽 탑은 제자가 만든 것이라 한다. 제자가 만든 북쪽 탑이 너무나 멋있게 보이는 것에 기분이 상한 마이스타는 자기가 만든 탑에서 뛰어내려 자살했다는 설이 있다.

　그러나 이 전설보다도 확실한 사실은 이 교회의 건설에 170여 년(1311~1484년)이 걸렸다는 것이었다. 또한 건축 의뢰는 독일 기사단이 했지만 연대기에 적혀 있는 것을 보면 건축 자금은 '이곳 일반시민이나 기독교에 귀의한 신앙이 깊은 사람들의 헌금, 충언, 봉사 및 희사에 의한' 것으로 이루어진 것이다. 외관도 그렇지만 교회의 내부 참관을 통해서 분명히 알 수 있는 바와 같이 당시 시민의 거룩한 업적에 대해서 감탄 이상의 존경심이 솟는다.

로텐부르크의 성벽

Klingengasse에서 북쪽으로 가면 십자로(十字路)가 있는데 옛날 이 동서로 된 길을 따라 최초로 구축된 성벽이 있었다. 이 십자로에서 높이 30미터가 넘는 시문탑(市門塔)에 이르는 구간은 성벽의 제1기 확장 공사로 시가의 일부가 된 부분에 해당한다. 탑은 그 상부에 돌출되었고 그 윗 부분은 작은 지붕으로 덮여 있어 아름다웠다. 16세기에는 커다란 동으로 만든 저수 탱크가 설치되어 그곳에서 시내 각 곳에 있는 우물로 수도관을 통해 급수되었다.

또한 바깥쪽 문에 인접해 있는 것은 탑이 없는 두 개의 본당으로 이루어진 교회의 건물이었다. 이 교회의 북쪽 벽은 튼튼한 각석(角石)으로 되어 있고 단 두 줄의 총구만이 열려 있었다. 그 윗줄의 열린 부분부터 외문탑(外門塔)을 지나 교회내에 있는 화포용 도로 사이에 설치된 방어용 도로가 잘 바라다 보인다. 그 때문에 이미 집 안에 침입한 적을 사격 가능하게 되어 있었다. 이것들로 인해 이

교회가 처음부터 이 북서부 요새의 일부로 계획되었고 그 안의 성물(聖物)이나
여러 가지 귀중한 물건들도 방비가 된 것이다. 그리고 오늘날 우리가 보는 교회
밖의 돌다리는 그 전에는 물이 흐르는 다리였고 또한 그 시내쪽 일부는 필요에
따라 튀어오르는 구조로 되어 있어서 방어의 구실을 하는 셈이었다.

크리스마스 박물관

　로텐부르크에서 찾아볼만한 곳이 매우 많지만 그중에서도 크리스마스 박물관과 인형-완구 박물관만은 놓쳐서는 안될 곳이다.

　마르크트 광장으로부터 옆으로 뻗은 Herrngasse는 최근 20여 년간 독일의 전통적인 크리스마스를 맛볼 수 있는 장소로서, 많은 사람들로부터 인기를 끌고 있다. 옛날 중세 도시 귀족들이 살고 있던 이 거리의 집들은 요즘에는 연중 무휴로 영업을 하는 크리스마스 촌으로 변해 현재 약 5만점의 크리스마스 용품을 취급하고 있다.

　크리스마스 상점 건물 2층에는 전문적으로 설치한 독일 크리스마스 박물관이 있었다. 여기에서는 250평방미터의 넓은 홀을 사용하여 비더마이어 시대에서 1950년대에 이르기까지 크리스마스 트리 장식품을 비롯해 독일의 크리스마스 역사에서 다룬 모든 것들이 전시되고 있었다. 5,000개가 넘는 독일 제품뿐 아니라 해외의 수집가들로부터 장기적으로 빌려온 품목들도 전시되어 있어, 할아버지나 증조부 때의 예스러운 크리스마스 분위기가 물씬 풍기며 옛 추억을 더듬기에 더없이 좋은 곳이다.

※ gasse는 우리 말로 골목을 뜻한다.

인형-완구 박물관

큰 거리인 Herrngasse세로부터 조촐한 언덕길 Hofbronnengasse를 내려가면 인형과 완구가 전시되어 있는 〈인형-완구 박물관〉에 이른다. 이 안에는 과거 200년 동안 독일과 프랑스에서 제작된 각종 인형들 800여 개가 수집·전시되어 있었다. 또한 소꿉놀이에 사용되는 인형 집을 비롯하여 꼬마 방, 부엌, 매점, 기타의 소품류가 한쪽에 진열되어 있고 다른 쪽에는 골동품적 가치가 있는 인형의 소극장, 철도, 마차, 평민들의 가옥, 학교, 회전목마, 수제 목재 완구류, 그리고 그러한 것들의 부품 따위가 전시되어 있었다.

어린이들의 인형 놀이 세계는 바로 어른들의 생활상이 반영된 것이니 견학을 통해서 지난날의 생활이나 습관 따위를 잘 알 수 있게 되어 이 박물관은 둘도 없는 정보의 원천이라고 할 수 있겠다.

광장에 이르는 길 양쪽으로 기념품, 액세서리 같은 소품을 파는 가게와 과자,

사탕 등을 파는 가게가 촘촘이 들어서 있었다. 이곳에서만 판다는 주먹 크기의 〈슈거베리〉라는 과자가 특히 신기했다.

우리는 박물관에서 나오다가 한 가게에 들렀더니, 가게 주인이 일본인이라 의사소통이 편했다. 그곳에서 가방이며, 모자, 티셔츠 등을 이곳 방문 기념으로 사 넣고 마지막 코스인 방어벽 답사 체험에 참가했다.

젊은 사람들을 따라가자니 좁은 방어벽 길이 불편했으나 끝까지 답사할 수 있어 뿌듯했다.

▲ 방어벽 답사 체험

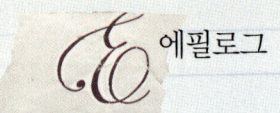 에필로그

　사전에 준비도 없이 욕심만 부려 꾸며 본 여행기가 만족스러울 리 없다. 아무 부담 없이 쓴 일기만도 못한 내용이 되어 버렸다. 그러나 평소 아는 것이 별로 없었던 동유럽 국가들에 대해서 어설프게나마 내 머릿속에 어떤 윤곽을 잡아 보았다는 것은 그것이 설령 부실한 것이라 하더라도 나로서는 중요한 과정이라고 생각한다. 그리고 무엇보다도 아내와 함께 실제로 공동 작업을 해본다는 것도 귀중한 경험이었다. 서로 불확실한 기억을 맞추다보면 한 토막의 여정도 다시 반추되니 두세 번의 여행을 거듭하는 셈이다.

　여러 곳을 돌다보면 보는 대상도 다양할 수밖에 없지만 그래도 뭔가 공통적인 테마는 있어야 하고 관점에도 경중은 있어야 할 것 같다. 나는 이번 여행에서는 건축양식을 주목하기로 했다. 건축양식에 관해서는 중학교 때 배운 기초 상식도 모두 잊어버린 처지여서 급한대로 백과사전을 떠들어 보았다. 백과사전의 건축양식란에서 고딕, 르네상스, 바로크, 로코코 등 여러 양식이 있다는 것을 알게 되고 그 설명도 읽어 두었으나 막상 유럽 현지에 가서 실물들을 보고서는 딱 구별해낼 수가 없었다. 나는 염치 불구하고 가이드에게 기회가 있을 때마다 물어보았으나 그들의 대답도 모호한 점이 많았다. 하지만 그러는 사이에 나 자신도 조금씩 저것은 고딕식, 저것은 바로크식이라 구별해 보면서 건축 연대나 개축 연대도 대충 짚어보기도 하였다. 그것이 옳았건 틀렸건 건성으로 구경하는 것보다는 더 재미도 있고 보람도 있었다.

그리고 이번 여행을 통해 몇 가지 느낀 바가 있다. 숨차게 쫓아다녀야 하는 패키지 여행 끝에 여행기를 쓴다는 것은 무리라는 것, 충분한 사전 준비가 꼭 필요하다는 것, 스케치와 촬영 실력도 어느 정도 갖추어야 한다는 것 등…….

아무튼 이번 경험을 밑천 삼아 앞으로 또 기회가 있다면 꼭 멋진 여행기를 하나 다시 만들고 싶다.

2010년 4월

최종수 1931년생

서울대 문리대 영문과를 나와 한국일보, 코리아타임스에서 일하였고, 미국 신문 연구소, 도쿄대학교 대학원을 거쳐 1985년에 연세대학교에서 언론학 박사 학위를 취득하였습니다.

전남일보 창간 사장, 광주 대학 언론 대학원 초대 원장, 케이블 TV 방송 협회 회장 등으로 47년간 언론계에 몸담아 왔습니다. 저서로는 〈한국 신문 편집론〉, 〈매스커뮤니케이션 이론〉, 〈한일 언론 비교 연구〉, 〈최종수 언론 반세기〉 등이 있고 그 밖에 〈커뮤니케이션 원론〉 등 다수의 번역서가 있습니다.

손인화 1931년생

교직생활을 거쳐 40여년간 책 편집자로 일해 왔고, 틈틈이 그림책 번역을 하면서 동화를 써 왔습니다. 어린이 잡지 《자연과 어린이》를 창간했으며, 기획력 있는 그림책 시리즈인 《피카소 동화나라》, 《꼬맹이 자연방》 등을 만들었습니다. 지은 책으로는 〈으악 도깨비다(2009년 초등 교과서 2-2 듣기·말하기에 수록)〉, 〈할아버지의 약속〉, 〈숲 속의 방귀 대회〉 등이 있습니다.

80 청춘 동유럽을 가다

초판 발행 : 2010년 4월 15일
글쓴이 : 최종수
사진과 그림 : 손인화
펴낸이 : 권호순
펴낸곳 : 시간의물레

등록 : 2002년 12월 9일
등록번호 : 제1-3148호
주소 : (121-050)서울시 마포구 마포동 332번지 1층
전화 : 02-3273-3867 / 070-8808-3867
팩스 : 02-3273-3868
전자우편 : mulrebook@empal.com

ISBN : 978-89-91425-92-7 (03980)
가격 : 9,900원
ⓒ 최종수 2010